三代目社長の挑戦

「してさしあげる幸せ」の実践

後藤 敬一

はじめに

満州鉄道初代総裁の政治家、後藤新平が遺した言葉に、『財を遺すは下、事業を遺すは中、人を遺すは上なり。されど、財無くんば事業保ち難く、事業無くんば人育ち難し』と、あります。

また、事業には、人、物、金が必要といわれます。

私が、尊敬するイエローハット創業者の鍵山秀三郎先生は、人、人、人といわれました。人が物、金、情報をコントロールするから、結局人を育てることがもっとも大切なことだといえるわけです。

人を育てることが、企業の目的とすれば、事業を保つことはそのための手段です。事業を保つためは、財が必要だということです。さらに、その財を授けてくださるのは、お客様です。

私たちの困りごとはたくさんありますが、何よりも一番の困りごとは、お客様が来られないことです。そうならない会社づくりが、私の使命です。その根底に人づくりがあるわけです。

私には大きな宝物が三つあります。

一つ目は、祖父が創業（事業）し、父がしっかりとした経営基盤（財）を作り上げてくれた滋賀ダイハツ販売株式会社という会社です。

二つ目は、経営品質の思想を理解し実践してくれている社員（人）です。

三つ目は、私どものお客様です。

祖父がお客様のお役に立つために、滋賀ダイハツを創業し、お客様が、滋賀ダイハツを存続させ、滋賀ダイハツの組織風土が社員を育てた結果、二〇一三（平成二十五）年度、日本経営品質賞（大規模部門）を受賞することができました。

とりわけ社員の成長は著しく、その社員を育ててくれたのは、まぎれもなく組織風土とお客様です。

しかしここに至るまでの道は、平坦ではありませんでした。

自動車販売とはまるで縁のない仕事をしていた私が、滋賀ダイハツに入り、社長になったわけですから当然かもしれません。血縁で社長になり、先代が偉大であったため、余計に先代を越えるには大きな仕事をしなければならないと思っていました。しかしそれは大きな間違いであると途中で気づきました。

「温故知新」という言葉があります。辞書を調べると「古いものをたずね求めて新しい事柄を知る」とあります。父である先代が導入した、滋賀ダイハツの「温故」は①戦略（会計）経営、②分社経営、③全社員経営です。今でもこの仕組みは、機能しています。しかし、これだけで今でも通用するかといえば、通用しません。なぜか、それは時代や環境がどんどん変化するからです。

私は、社長就任時（三十六歳）に滋賀ダイハツの存在理由を「五幸の基本方針」で明らかにいたしました。しかし、これとて、永遠に変わらないかといえば、そうではなくて、時代や環境が変われば、変わらないといけないと確信しています。

今は、「してもらう幸せ」「できる幸せ」から一歩進んで、社員が「してさしあげる幸せ」を実感できる会社にし、お客様や地域から「なくてはならない」と言われる企業にしていくことを目指しています。

　今から二十一年前、私が社長に就任した当時、滋賀ダイハツは、新車販売で好成績を上げながらも、メーカーであるダイハツ工業が行ったCS（顧客満足度）は、ワースト五の会社でした。それも「お客様第一主義」を掲げていてのことです。

　それは「売上げは上がっている。このくらいでいいだろう」という気持ちがあったからだと思います。「お客様第一主義」は、掛け声だけで終わっていたのです。

　それで私は経営品質を会社に取り入れることを決め、まず役員、幹部から勉強を始めました。そして現場での徹底を図ろうと、経営方針書にも私の決意を書き入れました。ところが、現場での取り組みは数年経っても全く進みませんでした。

　こういうときは具体的目標を決め、断行するしかないと思いました。私は関西経営品質賞の応募を決め挑戦したのです。結果は奨励賞でしたが、これが日本経営品質賞に挑戦する大きなきっかけとなりました。

　とは言っても、日本経営品質賞の挑戦は一段と厳しく、悪戦苦闘の連続でした。しかも二年連続の却下ですから、そのショックは大きいものでした。でも私は、三年連続での挑戦を決めました。

「あんなに頑張ったのに……」、役員の中からも続けての挑戦に、「もう少し時間を置いてから」という反対意見が出されました。当然と言えば当然です。その気持ちはよくわかります。

しかし「ここで諦めたら受賞できない」というのが私の気持ちでした。社員はきつかったと思います。三年続けての挑戦にも頑張ってくれました。そのお陰で本賞を受賞することができたのです。

受賞は、経営品質を高めるための始まりであり、終わりではありません。その心を大切にし、私たちは新たな未来を目指して歩み始めています。

わが社の取り組みが、読者の皆様に少しでもお役に立てれば幸いです。

平成二十八年三月

後藤敬一

目次

三代目社長の挑戦「してさしあげる幸せ」の実践

はじめに 1

第一章　悪戦苦闘した経営品質への取り組み

第二章　後継者としての挑戦

第三章　経営品質に取り組んで変わった七つのこと

第四章　部分最適から全体最適へ

第五章　新たな五年後を目指して

第六章　わが社の自慢は社員

おわりに

第一章　悪戦苦闘した経営品質への取り組み

「社長、おめでとうございます」

二〇一三年十一月三十日午前十時、私の携帯電話が鳴りました。健康管理のために、高校時代の同級生がやっている個人病院へ定期的に通っているのですが、ちょうどその病院を出ようとしたそのときでした。

「お電話ありがとうございます。後藤です」

「二〇一三年度の経営品質賞は滋賀ダイハツ販売さんに決まりました」

「ありがとうございます」

「ただし正式な発表があるまではまだ社内だけにしておいて、オフィシャルな場では言わないでください」

日本経営品質賞の審査を担当してくださっている審査員長が、受賞を早めに知らせ下さったのです。

ついにこの日がきた――一瞬、耳を疑うようなことでしたが――これまで取り組んできたことが走馬灯のごとく頭を駆け巡り、嬉しさが込み上げてきました。それと同時に、社員一人一人の顔が思い浮かびました。

社内なら発表してもよいということでしたので、すぐに管理本部長の小堀に電話で知らせました。

「内定だけど、日本経営品質賞が決まったよ」

「社長、おめでとうございます」

小堀の喜ぶ様子が、はずむ声でわかりました。

一旦電話を切ったのですが、小堀から「ところで社長はどのくらいで本社に戻られますか」とかかってきました。

「そうですね、三十分くらいかな」と答えて電話を切りました。

本社に戻り二階へ上がっていくと、なんと社員が一列に並んでいるではありませんか。しかも花束を持って、「社長おめでとうございます」と迎えてくれたのです。

驚きとともに嬉しさがこみ上げました。

さらにです。本社の三階にはテラスがあるのですが、そこへ来てくださいということで行くと、今度は「日本経営品質賞受賞おめでとうございます」と書いた看板ができていたのです。

――えっ、たった三十分でここまで用意をしたのか――

私にとって全くのサプライズです。わずか三十分という時間でここまで作り上げて待ってくれていたのです。

これはトップダウンではありません。完全にボトムアップです。自分たちで、社長を喜ばすにはどうしたらいいか、ということを考えて実行してくれているのです。

「人を喜ばす」ということを自分たちで考えて実行しています。上司の指示でやって

受賞の知らせを受けた直後、社員から祝福を受ける

いるのではありません。社員の発想でやってくれるのです。やらされるのではなくて、自らが考えてやる。こういう社員がいてくれるから、日本経営品質賞がいただけたと本当にそう思いました。

しかしここに至るまでは、私が経営品質に出合ってから十四年、経営品質賞に応募してから五年かかりました。

CSは全ての方針に網掛け状にかかるもの

経営品質に出合ったのは平成十二年、ちょうど二〇〇〇年の節目の年でした。平成十一（一九九九）年に日本経営品質賞を受賞された株式会社リコー桜井正光社長の講演会が大津プリンスホテルであったのです。

日本経営品質賞を受賞すると、三年間、受賞企業は経営品質の教えを広めるという義務があります。その一環で開かれた講演会に、私も参加させていただきました。

そのとき初めて経営品質の話を聞いたわけですが、その考え方を知って私は本当にびっくりしました。

桜井社長はこうおっしゃったのです。

「CS（お客様満足度）は方針の一部ではありません。CSはすべての方針に網掛け状にかかるものです」

今でもCSを方針の一部にしている会社はたくさんあります。CSは大事だということをみんなわかっているからです。

だから多くの会社でも、「CSを上げましょう」とか、「CSを高めましょう」という方針を挙げ、「CSアップ」とか、「お客様第一」を社是や経営理念に挙げているではありませんか。

だけどCSは、そういう方針の一部ではないのです。

CSというのは全ての方針に網掛け状にかかっているもので、方針の一部にしたらだめなのです。

「CS（お客様満足度）は方針の一部ではなく、全ての方針に網掛け状にかかるもの」

という言葉は、今でも私の頭の中に強く残っています。

どういうことかというと、全ての方針はお客様の満足のために、お客様の幸せのためにあるということです。

例えば、ここの店は古くなったから新しく建て替えしようとか、ここの地域に店を出そうとかというときに、それに合わせて設備投資の計画を立てるわけですが、そのとき「お客様の満足のためにこの古い拠点を新しくしますよ」という考えでやらなければだめだということです。車の販売台数を伸ばすため、売上げを上げるためではないのです。

お客様の満足のためにこの地域が手薄だからここに店を出して、その地域のお客様の安心とか安全をちゃんと確保します。だから新しく店を出します。必ず「お客様の満足」とか「お客様の幸せのため」にやるというふうに、CSが網掛け状にかかってないとだめだということです。

今から十五年前にこのような考えを持っておられたことに驚きます。

この教えはすごいことです。

今でこそ、この言葉の意味が、わかってきました。しかし、何年も頭の中では、「C

Sは大事である」ということはわかっているつもりでも、実際はわかっていないということが、現実でした。

この言葉を教えて頂いて、本当によかったと思っています。

わかっているようで、目先に追われて、わかっていないのがCSです。現に十五年前からつい最近までのわが社がそうでした。いや私自身が何もわかっていなかったのです。

CS（顧客満足度）下位の現実

実は、経営品質に出合う前になるのですが、次ページで示したように平成十（一九九八）年から、メーカーであるダイハツ工業が、CSの調査を行っています。なんと滋賀ダイハツは全国順位で四三位（五四社中）、翌年は四八位（五二社中）だったのです。

いくら販売台数が伸びていたとしても、これでは将来がありません。

「なんとかしなければならない」、そんな思いでいたときに経営品質に出合えたわけです。

経営品質は私たちが目指す姿を示している気がした

私は平成十年のCS調査があるまでは、CSという意味ももちろん知りませんでした。

とはいうものの、それまでお客様に対して何もしていなかったわけではありません。

・お客様に笑顔で挨拶をしましょう

「五幸」の実現という理想とのギャップ

・赤字転落の危機

1993年9月、競合メーカーの発売した新型車のヒットで当社主力車種のミラが苦戦

・幹部はすべて年上の先輩

自分と役員、幹部との考えを共有できず

年度	CS（お客様満足）	全国順位
１９９８年	５４．９％	４３位／５４社
１９９９年	４４．３％	４８位／５２社

※ダイハツ工業が行ったCS（お客様満足）
CS（お客様満足）「良い」＋「非常に良い」の率

・身だしなみを整えましょう
・お辞儀は九十度に曲げましょう

など、しつけ的な項目、スローガンなどは、毎年方針として出していました。そして言葉としては、しつこい位「やりなさい」と言っていました。

本来、方針というものは、出来てないことを徹底するために、掲げます。「挨拶をしっかりしましょう」という方針が出されているとしたら、その会社は、挨拶が出来てない背景があるからです。

しかしほとんどが、方針を出しているだけで、実際はお客様に対し出来ていないことが多いのです。いわば言うだけで、ほとんどほったらかしの状態だったのです。方針やスローガンに掲げたのだから、「まあやっているだろう」とぐらいにしか思っていなかったわけです。

それがまた、CSという概念と結びつくということが全然わかっておらず、しつけくらいしか認識していなかったのが、現状です。

その結果、前にも述べたように滋賀ダイハツ販売のCSは全国ワースト五になってしまっていたのです。

しかし車はよく売れていたので、「たまたまそうなっただけで、そんなCSの数字は気にすることないよ」というというのが社内の感じでした。。

一九九八年、ちょうどタイミングよく、ダイハツ工業がCS研修をしてくれました。私は、CS調査の低さが心のどこかに引っかかっていたので、できればなんとかしたいという思いもあり、参加しました。

この研修で、私が方針として出していることは、「あっ、そうか。私がやろうとしていることはCSだったのだ」、そして、全てはCSに集約されるのだということに気づかせていただきました。

私は今まで出していたしつけの方針は、実はCSのためだったのだと気がつきました。「挨拶をしなさい」「笑顔で接しなさい」「服装を正しなさい」といった方針は、CSに集約されると感じました。

挨拶や身だしなみは「CSを上げるために挙げている方針なのだ」とわかった瞬間でした。すべてがCSに照らし合わせると、そのためにやっているのだと納得いきました。

イエローハット創業者の鍵山秀三郎先生は、社員に対して、お店で困っていることを書き出してもらい、発表してもらう場で、色々意見は出るけれど、「お客様がお店に来ない」ことほど困ることは他にないと言うと、みんな納得するとおっしゃっていました。ＣＳが低いということは、お客様が来られないということです。

そこで、当時ＣＳがトップだった青森ダイハツモータースの江藤社長に会いに行きました。江藤社長がおっしゃったことは、「メーカーは良い車をつくること、ディーラーはＣＳを上げること」でした。明確にお互いの役割を話して下さいました。

その当時は、モータリーゼーションやセカンドカーブームで、自動車業界はＣＳが悪くても、車は売れていました。お客様にそっぽを向かれても、また新しいお客様がどんどん現れ、買っていただけました。

お客様のほうから、頭を下げて、「車の調子が悪いので、直して貰えませんか？」と頼まれるし、修理を請け負う私たちも「そこに、置いとけ。直してやる」という態度でした。

しかも、修理代金も見積もりも何も無い。修理が終わってから、こちらの言い値の修理代金で、お客様もそれを、自分で修理できないので、言われるままに、しぶしぶ？

代金を支払っていました。まさに、お客様（買い手）と私たち自動車業界（売り手）は、完全に立場が逆転していました。

そんな時代に、ＣＳナンバーワンの青森ダイハツモータースの江藤社長は、ディーラーはＣＳを上げることが役割と明確な方針を出しておられたのですから、驚きです。

その後、二〇〇〇年に出合ったのが経営品質の考え方だったのです。

当時の私どものＣＳに対する考え方は、単独の方針でしか理解ができていませんでした。しかし経営品質賞を受賞されたリコーの桜井社長は「ＣＳは単独の方針ではありません。全ての方針に網掛け状にかかるものです」とはっきりとおっしゃるわけです。

いまならその意味はわかりますが、その当時の私達は「ああ、そういうものかな」程度の受け止め方しかできませんでした。いわゆる本来目指しているＣＳの意味がピンとこなかったということです。

しかし幸いだったのは、私の心の中で直感的に、「経営品質というのは、私たちが目指す姿を示してくれている」というような気がしたのです。

それで二〇〇一年、経営品質の勉強会に参加することを決め、役員、幹部から勉強を始めました。

「いや、すみません。できていません」

私も進んで勉強会に参加しましたが、それまで経営品質について何も勉強していないわけですから、最初はなかなか理解できませんでした。また多少知識を得たとしてもそれを生かすまでには随分と時間を要しました。

例えば、セルフアセッサーという資格があります。この資格を取ると経営品質のプログラムで「自分たちの会社を評価する」セルフアセスメントを行うことができます。それならば、この資格を持った人を各店に一人置けば、経営品質の徹底化が図れるのではないかと思い、まず役員、店長と順番に資格取得に挑戦してもらいました。ちなみに現在、資格を持った社員は四十二名います。

しかし経営品質はセルフアセッサーの資格を取ったからと言って、事はそう簡単に進みません。経営品質というのは学問的にきちんと理論づけがなされており、一読したくらいではなかなか理解することができないからです。

調査は調査項目にしたがって――第三者の立場に立って――やるのですが、その報告書をみて具体的に改善行動が起こせるように書かなければなりません。こうした文章化に慣れていない者にとっては、さっぱりわからない世界なのです。

いわゆる大学の卒論をまとめるようなものです。ところが幹部社員に「卒論を書いた人」と、聞いてみたら誰もいない。当社の幹部社員は大卒が多いのですが、卒論を書かないで済む大学を出ているのです。まあ、卒論を書いた私もかなり昔のことですから、きれいさっぱりと忘れているので、同じです。

でも難しいと言ってばかりいては、何も前に進みません。

せっかく勉強もしているのだから、まず社内でやってみようということで、具体的にアセスメント評価をやることにしました。毎年発表する経営方針書に、経営品質のプログラムを使ってアセスメントをすると書いて、その決意を示しました。

そして、推進責任者も決めました。

ところが一年経ってもできません。「いや、すみません。できていません。実は結構難しくて」という話です。何も進んでいないのです。

何事もそうですが、推進者が本気でやる気を示さなければ前に進みません。しかし終わってしまったことをとやかく言っても意味がありません。

「もう一年、責任を持ってやって欲しい」

と頼みました。

ところが、また一年経っても何も進んでいませんでした。それでまた来年もやって欲しいと頼むのですが、またダメで、結局六年間何も進まずに終わってしまいました。

余談ですが、この推進責任者は、定年後四年間も顧問という職責で滋賀ダイハツに残ることができました。普通は顧問というのは、一年、長くて二年で終わるのですが、「できていません」「あと一年、あと一年」と、ずいぶんと延長になりました。

これも、経営品質導入の巧妙かもしれません。

関西経営品質賞に応募することを決めた

この状態を続けていても何の進展も見込めない。これを突破するには具体的に行動を起こすしかないと考えて、関西経営品質賞に応募することを決めました。

それは賞をもらえる、もらえないということよりも、とにかく経営品質を一歩でも前に進めたいという気持ちでした。そこから逆算して、今何をしなければならないのかを具体的に決めていきますので、少しずつ前に動き始めました。

やり出してみて一つ重要なことがわかってきました。

「何で会社は経営品質に取り組むのか」

という理由が、どこまで社員に行きわたるかということです。

社員がそれを理解したうえで取り組むか、それとも理解しないまま取り組むかで、その後の成果が大きく違ってくるのです。

社員にすれば、いままでの仕事に経営品質という新しい考えで仕事をすることになります。言うならば、余分な仕事をしなければならないことになり、経営品質の意味や価値がわからなければ、嫌だ、面倒だという意識が生まれてきます。

ですから、何で経営品質をやろうとするのか、その理由や、目的をしっかりと社員に伝え、理解してもらわなければなりません。

それを突き詰めていくと、会社の存在理由、会社の経営理念、社長の思いなどにつながっていきます。さらに言えば、社長の生き方、考え方が、その中心になります。

実は、そういうことは経営品質のリーダーシップの中に全部出てきます。

・会社のあるべき姿はちゃんとありますか
・理念はありますか
・それはあるとして、今度はそれを末端にまで浸透させていますか
・それを実現できる仕組みを作ってありますか

ここで重要な点は、理念があるとか、会社のあるべき姿を示しているかということではなくて——もちろん、それがなくては何も始まりませんが——どこまで現場の一線まで落とし込まれているかということなのです。

理念などを紙に書いたり、掲げたり、口で言うのは簡単ですが、それを実践するとなると相当に難しいというのが現実です。

そこで仕組みが大事になってくるわけですが、それを作るにあたってトップダウン

で決めるのではなくて、みんなで話し合う合議制でやっていくということが、重要です。ですから、セルフアセスメントは泊り込みの合宿でおこないました。

合議制の根底にあるもの

合議制を実施するにあたり忘れてはならないことがあります。

合議制となれば、みんなの意見を聞いて、もしくは取り入れてまとめるということになりますが、最も重要なのは会社の理念や社長の考え方が、社員の中で理解されているかどうかということです。

会社は命ある生き物、組織です。社員がバラバラの考え方をもって仕事にあたっていては、組織をバラバラにして破壊してしまいます。

ですから、会社の理念を社員に浸透させる努力を怠ってはならないのです。

その上での合議制があってこそ、会社の進むべき方向に社員の力が一つになって物事を推進することができるのです。社長一人が決めたのではなく、ましてや経営品質推進者が決めたのでもなく、みんなで決めるからです。

言うならば、社員一人一人、経営者の立場に立ってやっていくということです。

経営品質に取り組んで、経営の柱をきちんと立てることが非常に大きいと感じています。

早朝勉強会を活用し会社の理念を浸透させた

ではどうやって社長の考えや会社の理念を社員に伝えていくか。

幸いに滋賀ダイハツ販売では、父が築きあげてきた早朝勉強会という仕組みができていました。

社長が各店に出向いておこなう勉強会ですので、社長の考えや会社の理念を末端まで浸透させるにふさわしい場です。この勉強会を、会社の理念を浸透させる場として位置づけました。

そのためには、社員全員に参加してもらわないといけません。

しかしこれは、早朝の時間を使っての開催ですから就業時間外です。社員にすれば、時間外に月に一回ですけれども早く出てこなくてはならない。嫌と言って断ることもできるわけです。

とは言っても、こちらは来てもらわなければ困るので一つの仕組みを作りました。最近は買い物をするとポイントがつく店が多くなっていますが、早朝勉強会に出るとその都度一個のはんこ（社長印）を押します。

これは「一〇〇回帳」と言って、一〇〇個はんこがたまると五万円の旅行券をあげるというふうな制度にしてあります。ちょうど夏休みのラジオ体操のはんこをもらうのと同じ発想です。

平成十八（二〇〇六）年一月からは、つぎのようなスタイルでおこなっています。各店舗は月一度、人数が多い二ヵ所は二回やりますから、全部で十六ヵ所、つまり私は月のうち十六日はどこかの店舗に行っているわけです。毎朝六時半には自宅を出発します。あらかじめこの日はどこでやるのかスケジュールはオープンにしていますので、社員は月一回、自分の店舗の勉強会に参加します。

時間は、八時十分から九時十分の一時間です。

内容は（株）武蔵野の小山昇社長の著書『仕事ができる人の心得』（CCCメディアハウス発行）をテキストに使い、滋賀ダイハツに合った経営用語を選び、私がその解説をします。

そのときに、私の体験談や失敗事例をまじえ、自分の考え方や会社理念を理解し、浸透させるために、物の見方や考え方を根気よく話します。重要なことは何度も話します。社員にすれば、「また同じことを話している、耳にタコができるくらい聞いている」と思っているはずで

早朝勉強会の様子

す。

平成二十八年二月で、一一三回を数えます。続けることで、社員は会社の方針を理解するようになり、行動パターンまで変わってきました。

平成二十六（二〇一四）年八月からは、WEBを活用したテレビ会議ができるようになりました。一つの店舗で実施する早朝勉強会に、他の店舗スタッフがWEBで参加し、一度に受講できる人数を増やしましたので、現在は月三回になっています。

挑戦したからこそ得た審査結果レポート

会社の経営理念の共有化を図りながら、二〇〇九年に関西経営品質賞に応募しました。

応募すると、審査委員会の事務局で審査する特別なチームが組まれます。私どもの担当チームは五人体制でした。そのメンバーが私たちの経営品質賞の申請書を全部読み込んだ上で私どもに質問が投げかけられます。当然、私もその質問を受ける対象の一人ですが、その答えが審査の結果に影響します。

そして最終は、現地審査と言って、審査メンバーの五人が二つのチームにわかれて私どもの現場をチェックします。どこの店に行かれるかはわかりません。

申請書にはこう書いてあるけど、本当にそれが実行されているのかをチェックされるわけです。役員とか店長に聞くのではなくて、一般社員を部屋に呼んで直接聞き取るのです。

それによって、社長の言っていることがちゃんと伝わっているか。

会社の方針が末端までいきわたっているか。

そして、実行されているか。

そういうことが聞き取りによってはっきり出てきますから、ごまかしがききません。


その結果は、奨励賞でした。もちろん関西経営品質賞を貰えなかったことは悔しかったのですが、経営品質賞は賞をもらえる、もらえないは別として、挑戦したことに大きな意味があります。

経営品質の審査資格をもった審査員から、第三者の目で、実際に生の現場を見て、そしてチェックして、その結果をフィードバックという形でレポートとしてもらえます。これをアセスメントといいます。普通、専門的な第三者がアセスメントしてくれることはまずありません。

それを見ると、わが社の現状が全部わかります。

逆に言うと、それが次の改善点に繋がっていくわけです。

私自身、何かおかしい、何かを変えなければと思ったとしても、具体的にどうするのかがわからなければ手を打つことはできません。その打つ手の具体的問題点をフィードバックしてもらえたのです。

これは経営品質賞に挑戦しなければ得ることができない宝物なわけです。

車がいいから売れているのでは？

関西経営品質賞に挑戦したときには、大賞をもらいたいという思いはありました。

それは社員の励みに応えることになると思ったからです。しかし得た賞は奨励賞でした。奨励賞というのは一番てっぺんの賞ではなくて、次の賞です。

ですから、「やった」という喜びは持てなかったわけですが、なによりもフィードバックのレポートの方が私にとってショックでした。

滋賀ダイハツさんの場合、車はよく売れているのは理解できるけど

「車がいいから売れているのか」

「滋賀ダイハツがいいから売れているのか」

がわからないというのです。

だから「関西経営品質賞にはならないですよ」

という指摘です。

滋賀ダイハツで車が売れているのは、「滋賀ダイハツという会社、組織、社員がいいから売れているとは言えない」と言われているわけです。本当にこれはショックでした。しかしそのショックが、私の心に火をつけました。

先日、イチロー選手の記事を朝日新聞の特集で読んだのですが、いみじくもイチロー選手も同じような体験をしていることを知りました。

アメリカの大リーグへ行った時に、アメリカの記者が、

「あなたみたいなこんな細い華奢な体格で、大リーグのピッチャーの球が打てるのですか」

というふうに質問されたそうです。

その時にイチロー選手は〃カチン〃ときたらしいです。「じゃあ見てろ」と。「ちゃんと打ってやるわ」と思ったと。ずっとそのことは忘れていないということが書いてありました。

私もそのレポートを読んで〃カチン〃ときて、それだったら絶対「滋賀ダイハツがいいから車を買っていただける」というお客様をたくさん作ろうと思ったわけです。そう思うと、人間〃カチン〃となる瞬間は必要ですね。

というわけで、フィードバックレポートはショックでしたが、新たな一歩を踏み出そうと思った瞬間でもありました。

ちなみに滋賀県の人口は一四一万人で、車の保有台数は九八万台です。そのうち軽自動車が四三万八千台です。

その四三万八千台のうちダイハツ車の軽自動車は滋賀県内で一六万五千台使われていますので、シェアは三七・七％ということになります。

ということは軽自動車の二・七台に一台がダイハツとなります。

全国のダイハツ軽自動車保有占有率は三一・二％ですので、その差の六・五％は、滋賀ダイハツが良いから、また気に入ったから買っていただいたといってよいといえます。

今後はこの差を広げていくことが、関西経営品質賞の審査でいただいたフィードバックレポートの答えだと確信しています。

滋賀県軽自動車保有ダイハツシェア

2．7台に1台
がダイハツ車
3 7.7%

（全国のダイハツ軽自動車保有占有率は 31.2％）
※ダイハツ工業㈱調べ

日本経営品質賞に挑戦　本賞を受賞

では、どのようにして「滋賀ダイハツが良いから車を買ってもらえる」というお客様を増やしていくのか。それには、経営品質の考え方をさらに社内で徹底する必要があるとわかってきていましたので、関西経営品質賞の奨励賞を受けてから一年、日本経営品質賞に挑戦することを決めました。

本賞は相当レベルが高く、審査される方の目も厳しくなります。ですから、ちょっと歯がたたない感じもしていました。それでも挑戦したのは、そのことで社内のレベルも必ず上がるという思いがあったからです。

しかし、ことはそう簡単に進みませんでした。最初の挑戦で落選と聞いたときは、やはり残念な気持ちになりました。でも、これで諦めてはいけないと思い、続けて二年目も挑戦しました。でも二年目もまた落選という結果になってしまいました。

なぜ落選なのか。実は、関西経営品質賞で奨励賞をもらっている企業は、本賞しかもらえないということになっているからです。途中の賞ぐらいの点数は取れていたのですが、本賞のところまでは達していないということで全部落選となったわけです。それは後でわかったことで、現実は二年連続の挑戦で、二年とも落選でしたので、三年連続の挑戦には、さすがに役員から反対意見が出てきました。

「社長、三年連続の挑戦は止めて、もう一回勉強し直してからにしましょう」というわけです。その気持ちも充分わかっていたのですが、私は「それはダメ」と言いました。

「二年間やってきて、目には見えないかもしれないけれども、それなりにレベルアップしてきている。ここで諦めたらいけない。もう一回挑戦しよう」

と言って、三年連続で三回目の挑戦を決めました。

それには私の考えがありました。

役員の意見を聞いて、「そうだなあ。二回やってダメやったし、もう一度、勉強し直して、一年か二年、間を置いてから挑戦するやり方もあるなあ」と思ったのですが、間を置いてはいけないと思ったのです。もし間を置いたら、たぶん今でも賞は取れていないと思います。

それは一回休んだら――みんなも休んだほうが楽ですから――何もそんな無理、苦労してやる必要はないというという安易な方へ流れてしまうと思ったのです。

でも社員がよく頑張ってくれて、ここまできたこともわかっていました。だからこそ、なおその頑張りに応えたいという思いで「もう一段階上がっていこうや。確かにそれは大変だし、道のりも険しいけど、そこを何とかやろう」と私は「もう一度挑戦する」と言ったのです。

その私の思いを社員は素直に受け入れてくれました。そこから、私からみても経営品質に対する階段がぐっと上がったと感じ

日本経営品質賞授賞式

ています。

そのお陰で、二〇一一年、一二年、一三年と三年連続で挑戦し、二〇一三（平成二十五）年度、日本経営品質賞、大規模部門を受賞することができたのです。

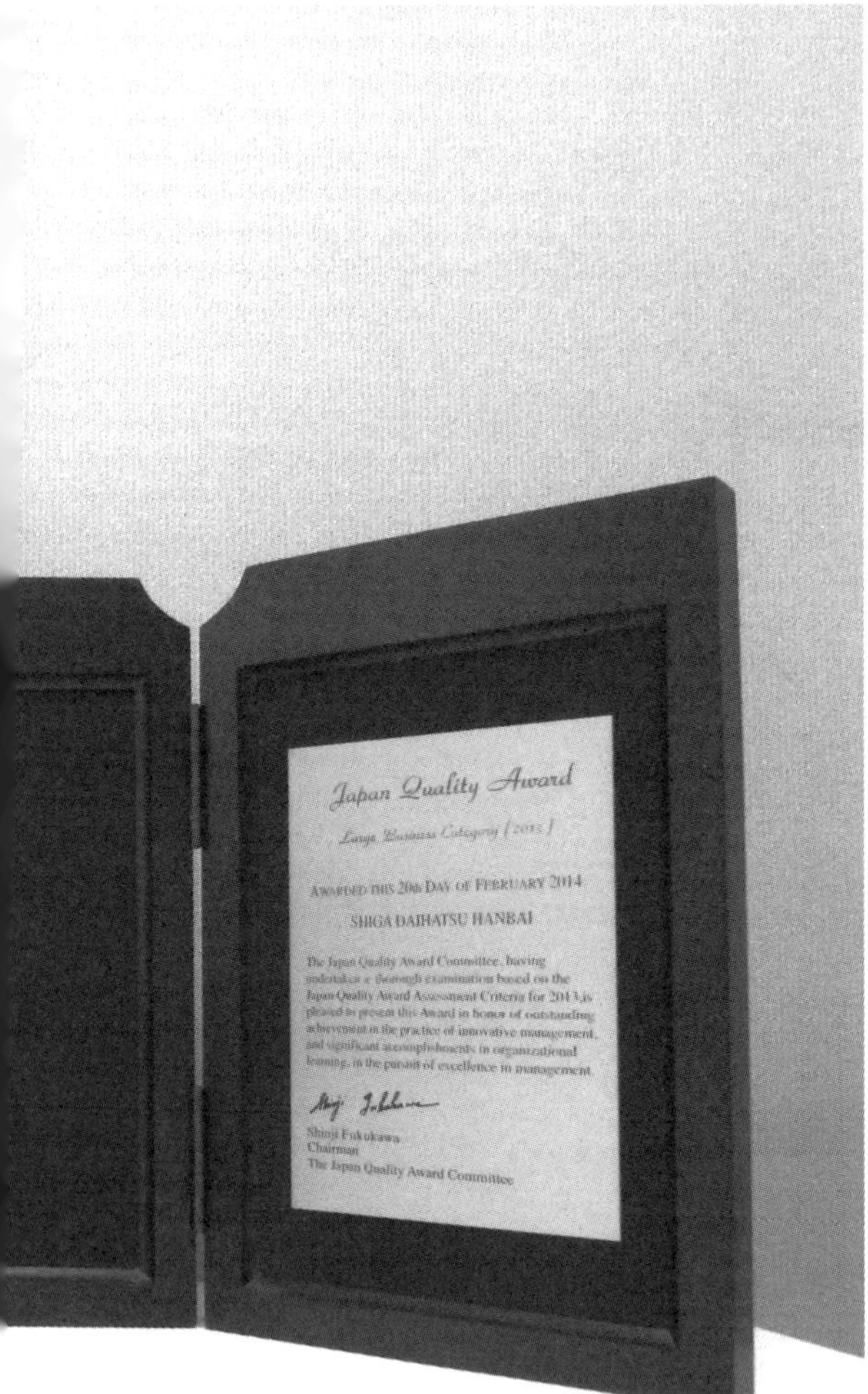

２０１３（平成２５）年度、日本経営品質賞、大規模部門を受賞

お客様の不便はお客様目線で社員自身が改善する

日本経営品質賞は、取って終わりではありません。事実、受賞企業は、その後の三年間は経営品質の大切さを伝え続けなければならないと決められています。私どもの会社にしても、見学を希望される数が多くなっていますので、現実問題として気を緩めることができません。受賞はあくまで一つの通過点であって、これからが本当の勝負です。

見学に来られる方は、それなりに期待値を高くして来られますから、それにお応えできなければ見学の意味がなくなります。その期待値を私達の励ましとし、日々成長しなければと思っています。

例えば、二階の本社をご案内し説明するのは女性社員です。見学される人が数人なら問題はありませんが、五十人となると、説明の声が届きません。

狭い場所では列が長くなって、後ろの方は聞こえない状態になるからです。また壁に貼ってある資料を説明するのに、「この表を見てください」と声をかけたりします。一列目の人は見えますが、後ろの人はよく見えません。それでは、せっかくの見学が意味をなさなくなります。

それで、どうしたらいいだろうかと、全部お客様目線で社員自身が考えて、改善してくれています。

声が届かない場合、今までは、説明する担当者の肉声だけの説明でしたが、人数が多くなると見学者の方々に受信機を耳につけていただき、案内者が無線送信用のマイクで説明すると受信機に届き全員が聞こえるという方法をとっています。

壁に貼ってある表やグラフ、写真については、あらかじめ見てもらいたい表やグラフ、写真を一枚の用紙に印刷しておき、それを配り説明のときに見てもらいます。

とにかく、お客様が不便されていることに気づいたら、それをどうしたら解決できるだろうかと自分たちで考え、話し合い改善してくれています。

第二章　後継者としての挑戦

「おじいさんが作った会社ですよ」

一九八四年（昭和五十九年）三月、事業を継承するとは一度も思ったことがなかった私に、父から電話が入りました。

それまで父は、一度も私に会社を継いで欲しいと言ったことはありません。その父が三つのことを言って、私に滋賀ダイハツに来るか、来ないか判断せよと言ってきたのです。

そのとき私は、静岡大学を出て、浜松に工場のある株式会社ローランドに勤務にしていました。

私は音楽が好きで高校時代からバンドを組んでライブ演奏をしていました。我社のホームページを開くと、私がドラムを叩いている写真がありますが、今でも「フライングスニーカー」というバンドを結成して音楽活動をしています。それくらい音楽が好きだったので、楽器の製造会社に就職したわけです。

ローランドは、本当に趣味と仕事が一致した会社でした。しかも当時はベンチャー企業でしたので、若者が多くて、社風も自由闊達で、あまり縛りがなく、充実した毎日を送っていました。

その時ローランドは二〇〇人ぐらいの会社だったと思います。ところが当時、シンセサイザーを使った冨田勲やYMOなど、テクノポップ的な今までにない電子音楽のジャンルが出てきて、そこにローランド製品のシンセサイザーが使われているわけです。世界的なブームになり製造が追いつかないぐらいで、注文のほうがどんどん入ってきました。

その中で最初は一番下っ端で、製造現場で組み立てをしていましたが、四年間勤めて一つのラインを任されて五十人くらいをまとめる係になっていました。

瞬く間に社員数が四〇〇人くらいに増え、急成長する会社でした。

ですから会社を辞めるつもりはありませんでした。

そんな三月のある日、父から電話が入ったわけです。

一つは、丸四年経って、今度は五年目に入る時期でしたので、「次は主任という肩書きがもらえるだろう。主任という肩書きがつくと、組織上ある程度責任が生じるだろう。そうするとそういう責任あるポジションになったのに辞めますと言えば会社に迷惑をかけるだろう。今やったらまだ平社員だから辞めるにしてもまだそんなに会社には迷惑をかけないだろう。もうそろそろ帰ってきなさい」ということでした。

そして二つ目、「おじいさんが作った会社ですよ」と言われました。「おじいさん」と言われると、「そうか、私も関係しているな」というふうに感じました。

それから三つ目、この時期を逃したら、あとは自分で入社しなさい。今なら歓迎するということでした。

ローランドは大変楽しく、全く辞める気持ちはなかったのですが、何より「おじいさんが作った会社ですよ」という一言には、創業者の孫としての立場を強く感じました……そしてこの会社を守るのは自分しかない……ようやく決心のついた私は実家へ戻り、滋賀ダイハツ販売に入社することにしました。

創業者　祖父　後藤昌弘

経営者・父「後藤昌幸」

ここで父・後藤昌幸について少し紹介しておきます。

滋賀ダイハツの創業は、昭和二十九（一九五四）年四月です。創業者は後藤昌弘、つまり私のおじいさんにあたります。創業者の二人の弟が鍛造業を営んでおり、ダイハツ工業と取引関係にあったことから、販売会社設立の働きかけがあり誕生しました。

しかし、設立して八年で大きな赤字を抱えてしまいました。このとき創業者は、自ら責任をとり退任するとともに、メーカーに株を買い取ってもらい会社を存続させました。

創業者の長男である後藤昌幸は、他の会社で働いていましたが、会社再建のために呼び戻されます。昌幸は四年で赤字を解消し、昭和四十一（一九六六）年に社長に就任します。その後、「赤字は悪」「教育は全ての業務に優先する」という信念のもと右肩上がりの成長を続けてきました。

後藤昌幸の経営の真髄は「分社経営」「戦略会計」「全社員経営」にあります。

分社経営は、店舗を部門ごとに細分化して小さな分社を作ります。分社の長を社長の分身という意味で、分社長と呼びます。つまり、会社の中に、職性別にたくさんの小さな会社が出来て、同じ数だけ分社長が誕生します。分社に経費を振り分け、毎月いくら利益が出たのか、損が出たのか分るようにしています。しかし、その分権限も委譲します。つまり、分社の経営を任せ、利益があがれば還元し、利益が出なければ分社長を交代してもらうといった組織をつくっています。

「戦略経営」とは戦略会計（マトリックス会計）を使った経営のことです。西順一郎氏が考案したもので、通常の管理会計ではありません。会計を要素に分けて経営戦略に活かせるようにしたものです。戦略会計を勉強するには、本を読んだり覚えたりする必要はありません。マネージメントゲーム（ＭＧ）というゲームをすることで、身体で覚えることができます。

後藤昌幸は、昭和五十七年メーカーの要請で、赤字が続く兵庫ダイハツの社長に就任します。そして五年間で販売台数を二倍に伸ばし、黒字化を果たします。

今でも伝説の経営者です。

二代目　後藤昌幸社主

初めての営業、不安の中で第一号の契約を頂く

当然ですが入社時は、平社員です。新入社員の研修が四月から始まっていて、それを受けてから営業担当、セールスをやりました。

その当時の軽自動車は、高いのは一〇〇万円とか一一〇万円していました。今と比べると物価水準はだいぶ違いますが、一番安い車でも五十万円ぐらいでした。

私は営業になったけれども、「軽自動車でも高いなあ−、そういう車を世の中に買う人がいるのかなあ？」という思いがありました。

ですから、自分で車を売ることができるのか、それがとても不安でした。

実際に仕事に就いて営業をやってみると、車が欲しい人がお店に買いに来られる。

「そうか、やっぱり買う人はいらっしゃる」

「欲しい人はいらっしゃる」と思いました。

私にとって第一号の契約は、入社して一ヵ月目ぐらいでした。営業の平均から言う

とちょっと遅いぐらいです。

それだけにとてもうれしかったです。

契約してくれた方は、若い方で、お父さんと一緒に来られていました。私はまだ車のことを上手く説明できませんでしたので、熱意だけで販売していたような感じです。しどろもどろでしたから、お客様にはご迷惑をおかけしたと思います。

営業に着任して、私は非常に大きなカルチャーショックを受けたことがあります。

それは値引きが当たり前のように行われていたことです。それも、一円や二円の話ではありません。お客様から「この端数まけ！」「あと一万円きばってくれたら買うわ！」と言われ、どの営業マンも簡単に一万円、二万円の値引きをしていたのです……。

大学を卒業して入社したローランドで、私は、生産部門で生産管理などをしていたのですが、急成長する中でも原価低減の知恵を出せと言われておりましたので、そのための改善活動は毎日行っておりました。それこそ血のにじむような努力で一円にも満たない何銭という金額のコストダウンを、皆で地道に重ねる毎日でした。

ローランドで一円、二円をなんとか切り詰める努力をしてきた私には、製造現場の苦労がわかります。そのため私は「お客様のおっしゃる端数が私たちの大事なところで、これが努力の結晶なんです」と、営業として一生懸命説明をする毎日を送ることになりました。

そして、熱意を持ってちゃんと説明をすれば、お客様も理解してくださいました。製造出身ではない営業マンにとって一円の重みは理解しにくいことです。だからこそ、私は機会があるごとに社内でこの話をするようにしています。

製造の立場も販売の立場もよく分かるようになった私は、安易な値引きは行わず、お客様が納得した上で販売するよう努力を続けました。おかげで三年間の営業活動ではまずまずの成績を残すことができました。

赤字会社再建のチャンスが与えられた

続いて担当したのは新入社員の教育担当です。二十八歳のときです。これは私にとって幸いでした。教わるより教える人のほうが一番勉強になるからです。そういう意味でよかったと思います。

そのあと、企画部門や販売促進などの部門を担当していたのですが、平成五（一九九三）年、三十四歳のときに、赤字会社再建という大きな役割を与えられました。滋賀ダイハツの子会社のひとつ、長浜ダイハツ販売の社長が病気で体調を崩されてしまったのです。それればかりではなく、優秀な工場長が独立のため辞められてしまったのです。その結果、またたく間に大きな赤字がのしかかるようになりました。社員数わずか十人の小さな会社でしたが、私は初めて社長として赴任することになったのです。

実はこのとき私は、すごいチャンスをもらったと思いました。何でもそうですが、いい会社を引き継いで悪くなったら自分の責任になります。悪いところであれば、よほどのことで失敗をしない限りこれ以上悪くはならない。あとは頑張ってやればよくなると思ったからです。

それで私は誰よりも早く会社に行くことにしました。急な転勤命令だったので、住まいが決まるまでの一ヵ月半は、大津から長浜まで電車で通勤していました。そのためには六時の朝一番のバスに乗らなければなりません。

現地には、一番遠い所にいる私が社員よりも早く、七時二十分には着いていました。最初にしたのは掃除です。とくにトイレ掃除を徹底しました。

その会社のトイレはくみ取りでした。水洗ではないのです。三つある男子の小便器は尿石がいっぱいついている。尿石は石灰質の石です。普通のブラシでこすった位ではとれません。サンドメッシュという一種のサンドペーパーで削るように磨きました。それは、素手で磨かないとスミズミまできれいになりません。毎朝磨いていると、便器の白い地肌が出て、きれいに光ってきます。

最初、社員は、私のことを心の底から社長とは思っていなかったと思います。「本社から何しに来たのか」と、よそ者が来たなという感じでした。しかし続けているうちに徐々に社員のモチベーションが上がってきました。

その当時の社員が今でも滋賀ダイハツに勤めてくれているのですが、時々昔話をしたりすると、「あの時社長が朝一番に来てトイレ掃除をしているのを見て、これは本気やな」というふうに感じたと語ってくれます。

掃除だけではなく、営業も洗車も事務も、何役もこなし、必死に働きました。

社長就任と同時に味わった経営危機

一年ほどして何とか黒字経営への転換に成功した四月、滋賀ダイハツに呼び戻されました。そして平成六（一九九四）年十月、創業四十周年記念式典において、いよいよ父の跡を継いで社長に就任することになりました。――このとき社長就任の決意として「五幸」を発表しました。それは後で述べます。

若くして社長になりましたが、当然、実力でなったわけではありません。社長の息子ということでなれたわけです。

ライバルメーカーが新しいコンセプトの車を発表し、大ヒットさせていたのに対し、ダイハツには対抗できる車種がありませんでした。売り上げは一気に落ち込んでいきました。


まわりは、昔、私を抱き上げてくれていたような、自分より年配の幹部ばかり、自分の言うことが通るわけありません。社長になれば自分の思いのままに会社が動かせるという気持ちでいた私は、落ち込む一方の業績を前に、何か大きなことをしなければと、気持ちばかりが焦っていました。

サーキット場を作って、お客様に来ていただいてはどうか、とかお金もないのに、現実的でないことを思いつきで言っていました。もし、私の思いどおり動かしていれば、今頃、会社は存在していなかったでしょう。

イエローハット創業者、鍵山秀三郎先生との出会い

そんな時、私の人生を大きく変える出会いがありました。それは株式会社イエローハットの創業者、鍵山秀三郎先生との出会いです。

人間は一生のうち
逢うべき人には必ず逢える
しかも一瞬早すぎず
一瞬遅すぎない時に

教育者で哲学者の森信三先生のことばです。

鍵山先生との出会いは正にそうでした。

鍵山先生は、掃除を通して自分の心の「荒《すさ》み」と社会の「荒み」を無くするという独特の掃除哲学によって社員の心をつかみ、会社の立て直しに成功した人です。

私が社長に就任したその月に、岐阜県の恵那市大正村で開催された、第三回「掃除に学ぶ会交流会」にお誘いをいただき参加することになりました。

研修会では、周りの方の配慮もあり、食事をするときも、バスで移動するときも、三日間鍵山先生とずっと一緒に過ごさせていただきました。鍵山先生は私に「大きなことを考えるのではなく、小さくても自分ができることを、誰もができないくらいやり続けることが大切です」とおっしゃいました。しかし、そのときは何をおっしゃっているのかが私には理解できませんでした。

二日目にトイレ掃除実習がはじまりました。

長浜ダイハツでトイレ掃除をした経験はありましたが、「掃除に学ぶ会」のトイレ掃除はそれとは全く違ったレベルの高いものでした。

まず驚いたのは、トイレを綺麗にするための道具が揃っていることでした。大きなタワシやスポンジ、日ごろの掃除では全く使ったことがない、ドライバーやバールまで使いトイレを徹底的に磨きます。グループを組み、リーダーの説明を受けながら、手順よく効率的におこないます。

小便器の底は尿石が固まり黄色に変色していました。最初はおっかなびっくりでしたが、素手で一生懸命取り組む周りの人に触発され、気がつけば自分も便器に顔をつっこんでいました。

床に手をつき、タワシで床をこすっていると、そのタワシのリズミカルな音に自分の傲慢な気持ちが洗い流されるように思えました。何と自分が傲慢であったのか、難しいことや、大きなことはできないが、「掃除なら私にも続けられる！」これからは「誰にでもできる簡単なことを、誰もできないくらいにやり続けよう」。床をこすりながら涙があふれてきました。

しかし、トイレ掃除を始めたからといって、すぐに何もかもうまくいくわけがありません。鍵山先生がトイレ掃除を始めてから会社が持ち直すまで、実に二十年もかかっています。

私はすぐに結果を出そうとする考えを改め、時間をかけて取り組むことにしました。

滋賀ダイハツさんは野武士のようですね

以前の滋賀ダイハツは、社長が新しいことを聞いて帰ってきては、あれもやろう、これもやろうとすぐ取り入れるのですが、言いっぱなしで新しいことが定着しない会社でした。ですからトイレ掃除の体験を話しても、社員は「また社長はすぐに飽きて、ほかの事に手を出すだろう」ぐらいに思っていました。

当時、メーカーの担当の方は「滋賀ダイハツの社員は、まるで野武士のようですね」とよく言われていたのです。

どう考えてもほめ言葉には思えません。売ったものが勝ち、車が売れるなら少々のことは目をつぶる。というのが、我社の現実だったのです。

だから、お客様第一と口では言っていても、自分たちのことしか考えないし、社員同士表面的には仲良く見えても、何かギスギスしていました。

それでトイレ掃除を、何とか会社で定着させたいと思いました。

記念すべき第一回「滋賀掃除に学ぶ会」は藤樹神社

鍵山先生が定期的に開催されているトイレ掃除の研修に、幹部に参加してもらい、徐々にトイレ掃除を社内に広げました。

二年が過ぎたころ、各地で掃除に学ぶ会を作ってこの活動が広がり始めていました。滋賀県でも、掃除を通して社会や心の荒みをなくそう、その先頭に立つのは自分しかいない。そんな気持ちを持つようになりました。

滋賀県高島市には近江聖人と言われた中江藤樹先生を祀った藤樹神社があります。その藤樹神社をお借りして、平成八（一九九六）年九月七日、記念すべき第一回滋賀掃除に学ぶ会を実施することができました。近くの店舗、安曇川店の鳥居店長に、骨を折ってもらい、ようやく開催にこぎつけたのです。

平成九（一九九七）年四月には、近江商人発祥の地にある、近江八幡商業高校をお借りして、鍵山先生をお迎えし、大きな大会も催すことができました。

ようやく立ち上げた「滋賀掃除に学ぶ会」ですが、その後急ブレーキがかかります。肝心な会場を貸してもらえないのです。伝手を頼ってお願いに行っても、宗教団体か何かと間違われ、「こちらではお受けできません」と断られ続けました。

ようやく、場所が見つかっても、今度は人が集まらない。ボランティアなので、社員に強制することもできず、一人でもがいていました。その後、三年間は活動できずにいました。

五枚のハガキに込められた思い

「滋賀掃除に学ぶ会」が休止して三年が過ぎたころ、掃除仲間の西澤亜希子様から五枚のハガキをいただきました。一枚書いては、書ききれず二枚目を書いて、また一枚と思いを込めたハガキに感動しました。このハガキをきっかけに、「滋賀掃除に学ぶ会」は月一回開催できるようになりました。学校をお借りできないときは、公園のトイレをお借りして続けました。

後藤　敬一様　　　　　　　平成13年9月15日　夜（原文のまま）

今夜も虫さん達が自慢の声で歌っています。
窓を開けて聴いていますと　ふわーと心が和みます。
これからは何をするにもいい季節です。
「滋賀掃除に学ぶ会」を開いて下さるとの事

とっても嬉しいです。
ありがとうございます。お礼を申し上げます。
会社の社長さんですから多忙な毎日を送って
おられるでしょうに頭の下がる思いです。
実はね、平成十一年の春に木谷昭郎さんが日産
学園へ移動され、「京都掃除に学ぶ会」のお手伝い
をされたんですよ、複写ハガキのお陰で私も
その年の「京都年次大会」から参加させてもらっていまして
月例会で「東寺」のように駅から近い所の時は参加
させてもらっていたのですが月例会はなかなか上手く時間
が合わずにいたところ「東寺」の掃除の時、個人的に
参加しておられた八日市の平田与志男さんと会い
先年六月から「八日市トイレ」の仲間に入れてもらった次第ですのよ。
「京都年次会」では木谷昭郎さんはじめ日下英治さん
前川善行さん私がお誘いした岡田節子さん達が

来ておられて、前川さんと「又滋賀の掃除で会いたいですね！」って言ったんですよ。

平成十一年、十二年とも小学校で学ばせて頂きました。

今年の年次会は十一月十七日十八日です。

私はいつも掃除当日のみ参加させてもらっております。

今年も十八日に学ばせてもらいます。

山川晋さんは昨夏、「社員研修」という形で社員全員（奥さん娘さんも）四つの班に分けて「八日市トイレ」に参加して下さいました。今度十七日は新入社員さん二名がお手伝いに来てくださるとの事です。

月曜日ですので彦根辺りの方は三時起きじゃないかしら？終わって自宅に帰ってシャワーを浴びてそれから野洲までご出勤とは「ご苦労様」の一言です。

お掃除も楽しいですが、同じ事をして汗を流す仲間に会えるのが嬉しいですよね。利害ゼロですもん。

多忙な後藤さんが又「滋賀掃除に学ぶ会」を
開催してくださったら皆さん喜んで参加して下さる
と思います。本当に心から参加したい方だけが寄れば
いいと思います。大きくなくてもいいと思います。
そのほうが長く続くんじゃないでしょうか?
あっ偉そうな事言ってゴメンナサイ。
月日が決まりまして開催前日に下準備されると思います。
もしよろしければ声をお掛けください。喜んで、お手伝い
させて頂きます。ただし、班の責任者みたいなのはパス
ああいうのん苦手ですので前日の準備とかに廻して
ください。十七日(月)早速、平田さんや中村さんに
後藤さんから頂きました九月九日付けのハガキの内容を
報告させて頂きます。
平田さんや中村さんの喜ばれる顔が浮かびます。
ねえ後藤さん、いつも後藤さんお一人で頑張って

下さいますでしょう。どうでしょうか「京都掃除の会」みたいに五～六人の方がいつも委員として相談されるっていうのは？　木谷さんや平田さん日下さんに前川さん　そして山川さんに中村さんと沢山おられますよ。皆さんきっと力になって下さると思いますよ。そうすれば後藤さんもしんどくないんじゃないかしら？　後藤さんが実行委員長さんで、あと六～七名さんいらっしゃれば・・・思うんですが。細々でもずっと続けたいんですもん。

長いハガキ（計五枚）になりました。では、又！

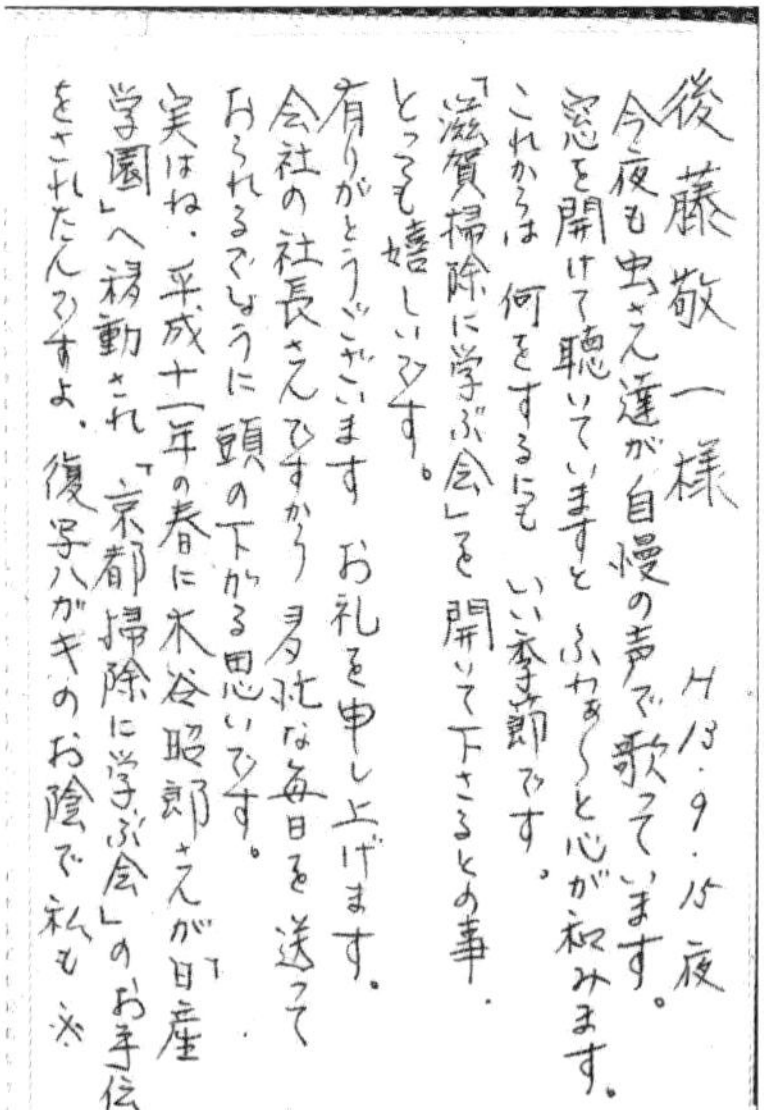

後藤敬一様　　H13.9.15夜

今夜も虫さん達が自慢の声で歌っています。窓を開けて聴いていますと　ふわぁ～と心が和みます。これからは　何をするにも　いい季節です。「滋賀掃除に学ぶ会」を開いて下さるとの事．とっても嬉しいです。有りがとうございます　お礼を申し上げます。会社の社長さんですから　多忙な毎日を送っておられるでしょうに　頭の下がる思いです。実はね、平成十一年の春に木谷聡郎さんが「日産学園」へ移動され「京都掃除に学ぶ会」のお手伝をされたんですよ、復写ハガキのお陰で私も※

※その年の「京都年次会」から参加させてもらいまして
月例会で「東寺」のように駅から近い所の時は参加
させてもらっていたのですが月例会は　なかなか上手く時間
が合わずにいたところ「東寺」の掃除の時、個人的に
参加しておられた八日市の平田与志男さんと会い
ハガキ交換が始まって昨年六月から「八日市トイレ」の
仲間に入れてもらった次第ですのよ。
「京都年次会」では木谷昭郎さんはじめ日下英治さん
前川善行さん　私がお誘いした岡田節子さん達が
来ておられて　前川さんと「又滋賀の掃除で会いたい
ですね。」って言ってたんですよ。
平成十一年、十二年とも小学校で学ばせて頂きました。

今年の年次会は十一月十七日、十八日です。
私はいつも掃除当日のみ参加させてもらっております。
今年も十八日に学ばせてもらいます。
山川晋さんは昨夏「社員研修」という形で社員全員
(奥さん娘さんも)を四つの班に分けて「八日市トイレ」に
参加して下さいました。今度十七日は新入社員さん
二名がお手伝いに来て下さるとの事です。
月曜日ですので彦根辺りの方は三時起きじゃないか知ら?
終って自宅に帰ってシャワー浴びて　それから野洲まで
ご出勤とは「ご苦労様」の一言です。
お掃除も楽しいですが同じ事をして汗を流す仲間
に会えるのが嬉しいですよね。利害ゼロですもん。

多忙な後藤さんが又「滋賀の掃除に学ぶ会」を
開催して下さったら皆さん喜こんで参加して下さる
と思います。本当に心から参加したい方だけが寄れば
いいと思います。大きくなくてもいいと思います。
そのほうが長く続くんじゃないでしょうか?
あっ偉そうな事言ってゴメンナサイ。
月、日が決まりまして　開催前日に下準備されると思います
もし　よろしければ声を掛けて下さいませ　喜こんでお手伝い
させて頂きます。ただし班の責任者みたいのんはパス。
あああゆうのん苦手ですので前日の準備とかに廻して
下さい。十七日(月)早速　平田さんや中村さんに
後藤さんから頂きました九月九日付けのハガキの内容を

報告させて頂きます。
平田さんや中村さんの喜こばれる顔が浮かびます。
ねえ〜後藤さん　いつも後藤さんお一人で頑張って
下さいますでしょう。どうでしょうか「京都の掃除の会」
みたいに五〜六人の方がいつも委員として相談されるって
いうのは?　木谷さんや平田さん、日下さんに前川さん　そして
山川さんに中村さんと沢山おられますよ。皆さん　きっと
力になって下さると思います。そうすれば後藤さんも
しんどくないんじゃないか知ら?　後藤さんが実行委員長
さんで　あと六〜七名さんいらっしゃれば……と思うんですが。
細くでも　ずーと続けたいですもん。
長いハガキ(計五枚)になりました。では　又。

西澤様から届いた５枚のはがき

学校支援メニューに登録

滋賀県では、青少年育成のために企業や団体が自分たちのノウハウや人材を活かして出前授業や体験学習をおこなう学校支援メニューというプログラムがあります。

ある、学校の先生から、この支援メニューに「掃除に学ぶ会」を登録してほしいという依頼がありました。「トイレ掃除が良いことはよくわかるのですが、やろうとすると反対にあってしまう。支援メニューに登録していれば、大手を振って申し込める」と言うわけです。

学校支援メニュー　トイレ掃除

そこで「福祉車両って何？」「働くとは」と一緒に「掃除に学ぶ」を登録しました。すると、学校からの依頼が徐々に増えてきました。

「滋賀掃除に学ぶ会」の事務局は本社管理部門の中に置いています。学校から依頼があると、事務局がボランティアの手配、学校との打ち合わせ、準備、運営と進めていきます。

常々、学校からの依頼は「断るな」と言っています。いくら頼みに行っても断られた苦い経験があるからです。卒業シーズンには特に学校からの依頼が増えま

学校支援メニュー　福祉車両って何？

す。卒業していく生徒さんが、綺麗なトイレを在校生に残したいと思うからです。三月のあるとき、八件の依頼が重なりました。三月は、車の販売も整備も一年で最も忙しい月です。

「はい」と受けてから「どうやってやろうか考えようよ」と言っていますので断るわけにはいきません。

ありがたいことに、やると決めるといろんな知恵が出てきます。

掃除の会の運営は、少なくとも皆で手伝っても六時間位掛かります。参加者が百人を超えれば、なおさらです。

それまでは、主体的に手伝う人とそうでない人がいました。それでは、手伝う人の負担ばかり増えます。そこに知恵が生まれ、当日運営に参加できない人は、準備と後片付けを手伝うようになりました。

準備や後片付けにも工夫が生まれて、手順が整理されました。たとえば、ナイロンタワシのようなものは十ずつ束ね数えやすいようにしています。

時間をかけない工夫も生まれました。掃除用具を入れている倉庫には多くの道具が

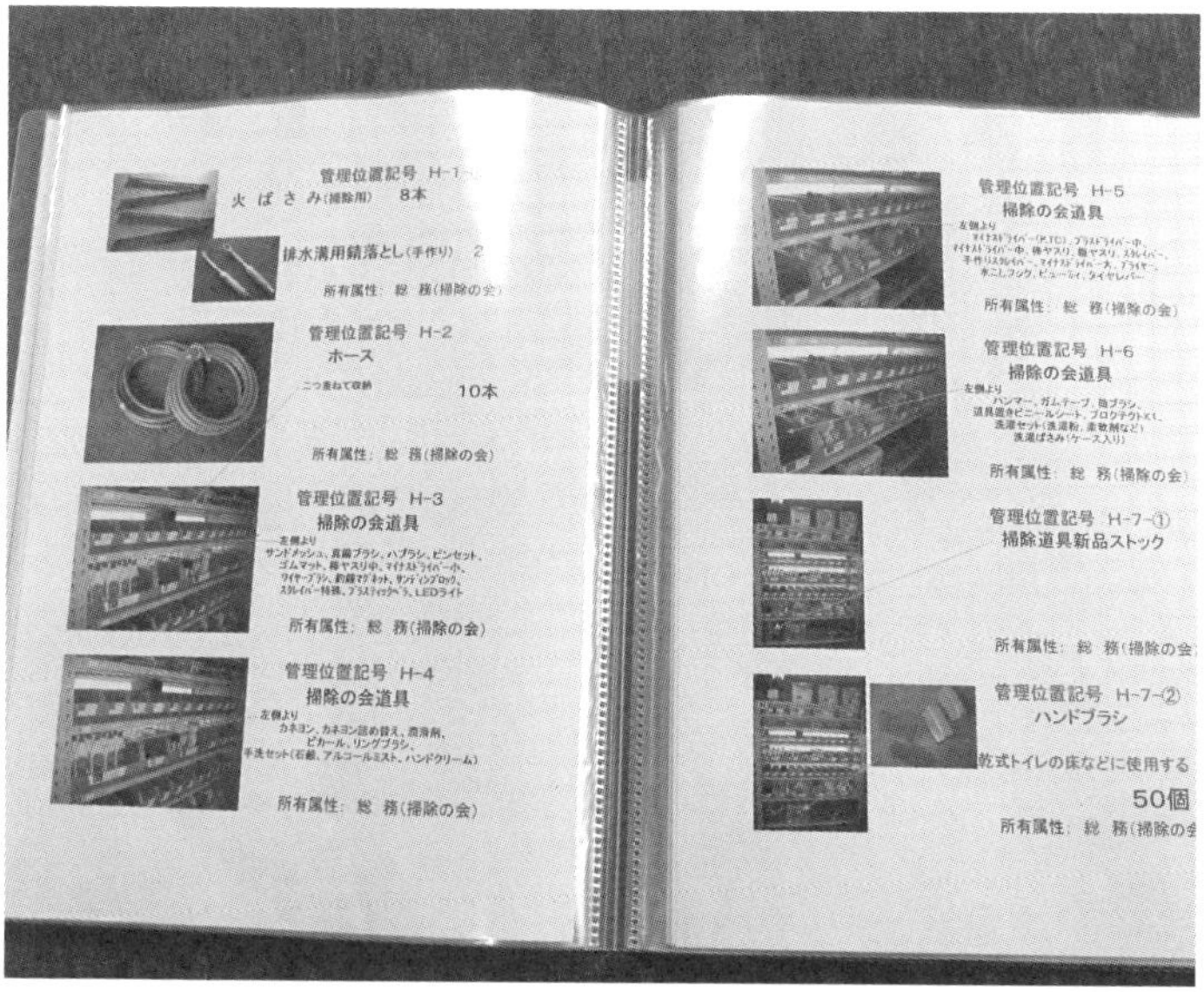

（上） 掃除用具整理整頓の方法が定められている
（下） 整然と保管されている掃除用具

置かれています。整理整頓が進み、三定管理（定置、定量、定品）がきっちりできるようになりました。

そのお陰で本社の垣根がなくなりました。総務も人事も保険も経理も情報も関係なくやれるようになったのです。みんなでやらないとできないからです。お互いが協力することによって本社の壁がなくなったのです。

本社というのは間接部門ですから、ほっておくと部分最適の一番最たるものになってしまいます。自分たちの仕事だけで終わってしまうのです。

今はそうではなく、全員で協力する体制が出来上がりました。実は、そういう（部分最適に対して全体最適という）体制というのはすごい組織です。それこそ全体のことを見てやっているわけです。学校支援メニューで、そういうことができるようになりました。

県庁の教育委員会に行くと、「滋賀ダイハツさんは有名ですよ」と言われるくらい、結構評判がいいと聞いています。

時間はかかりましたが、社内でのトイレ掃除の理解も進み、少しずつですが会社も変わっていきました。

「お客様の幸せ」を一番に掲げた最初の「五幸」

さて、社長就任時に発表した「五幸」をここで紹介します。

実は現在の「五幸」は、発表したときの「五幸」と中身は同じなのですが、順番が違っています。

最初の順番は、
(1) お客様の幸せ
(2) ダイハツグループの幸せ
(3) お取引店様の幸せ
(4) 地域の人々の幸せ
(5) 社員の幸せ
でした。

創業四十周年記念式典での社長就任式です。創業者である私の祖父は何のために滋賀ダイハツをつくったのか？
どんな会社にしたかったのかをずっと考えていました。そのときに、ふっと思い浮かんで、それを言葉にまとめたのが「五幸」です。

朝歩いていたら、ちょうど山の頂から——日の出の前でしたので——光がばーっと扇状に広がって出てきたのです。「あっ、これだ」、と、その後光にものすごくインスピレーションを感じました。「創業者は、光が扇状に広がるように、五の幸せを実現する会社を

創立40周年、36歳で社長就任、「五幸」の基本方針を発表（1994年10月1日）

作りたいと思って創業したのではないか」というようなひらめきです。
そこで「後光」の文字を「五つ」の「幸せ」に置き換えて「五幸」としました。

「五幸の基本方針」はすべて「社員の幸せ」に結びつく

現在の「五幸」は、次の順番になっています。
一つ目は「社員の幸せ」
二つ目は「お客様の幸せ」
三つ目は「お取引店様の幸せ」
四つ目は「ダイハツグループの幸せ」
五つ目は「地域の人々の幸せ」
社員の幸せが一番になっています。最初はお客様の幸せが一番と思っていました。
しかし、それはおかしいと疑問を感じるようになってきました。お客様は、私共の会社で幸せにならなくとも、他社で幸せになれる。

たとえば、あるお客様が滋賀ダイハツに車を買いに来られたときに、社員の対応が悪ければ「ここで車を買うのは、やめよう」となります。この時点では、お客様の幸せは達成していません。お客様は、その足で他のメーカーのお店に行かれます。そこの社員さんの対応がよければ、そこでお車を買われます。この時点で、お客様の幸せは達成しているのです。自社ではありませんが他社で達成してしまうのです。現実こうなってはダメなのですが、お客様は必ず幸せになることができます。

しかし社員は、自社で幸せにならなくては、幸せになれない。他社で幸せになれないという現実に気がつきました。

滋賀ダイハツの社員が、イヤで当社をやめたとします。そのとき、その社員は幸せではありません。そこで、他の会社に就職しようとしますが、今よりも良い条件で入れるとは限りません。世の中そんなに甘くはないのです。むしろ、今より悪い条件で転職している場合が多いのです。この場合は、やめても幸せにはなりません。

だったら、今いる社員を大切にして、幸せになってもらうことが最重要であると気づきました。

それで、社員の幸せを一番にもってきました。

この「五幸の基本方針」を毎朝唱和しています。

実践しながらわかったことは、どの幸せを追求しても、最後はすべて社員の幸せに行き着くということです。お客様の幸せを考えて行動し、お客様が喜んでくれて幸せになれれば社員も嬉しい、社員は幸せを感じます。

お取引店様が幸せになったら、私たち社員も貢献したということで嬉しいです。ダイハツグループが幸せになったら社員も嬉しいです。グループのためにお役に立っていくわけですから嬉しいわけです。

また、地域の人々の幸せにお役立ちができれば、それをやった社員は幸せになります。ということで、全ての幸せは全部「社員の幸せ」に結びついているのです。

これは経営品質を勉強し、実践することでわかってきたことです。

その重要なポイントは、「我社は何のために存在しているか」。その存在理由を社員一人一人が理解しなければ、理想だけ掲げて「頑張れよ」と言っても、社員の心の中にある「ヤル気」には火がつきません。その火をつけるのが、経営理念であり、社長、役員、幹部の経営姿勢なのです。

そういう意味で私は、経営品質に出合ったことに感謝しています。

社長就任時、何か大きなことをしなければ、社長になった意味はないと考えていた私ですが、やはり気負いがありました。そんな自分がとても恥かしいです。

社員は、ともに働く仲間です。ファミリーである社員の幸せを実現すれば、当然仕事へのモチベーションが高まります。

社員の熱意が高まれば、サービスは向上し、結果としてお客様満足も向上していきます。

満足度が向上することによって、多くのお客様がリピーターとなってくださり、業績も向上していきます。

企業活動とは、本来こうあるべきだと思っています。

私達はまだまだですが、「五幸」の実現を通して、真に喜ばれる会社づくりを目指しています。

第三章　経営品質に取り組んで変わった七つのこと

一、経営理念・社是を共有し実行 ― 行動レベルが向上

経営品質の目的は、「良い会社」をつくることです。会社を大きくすることでもなく、儲かる会社にすることでもありません。では具体的に「良い会社」とは、どんな会社を言うのでしょうか。

滋賀ダイハツの場合は、大きく二つ挙げられます。

①社会や地域の人々からなくてはならない会社にする。

②社員が滋賀ダイハツで仕事をして誇りに思える会社にする。

そのために必要なのが、会社の理念です。

ただ理念を掲げるだけでは何の意味もありません。重要なのは、会社の役員はじめ全社員が理念を共有し、理念を実現すべく行動しているということです。

行動が伴ってこそ、数多く存在するライバル企業をベンチマークすることもでき、他社が真似のできない、独自のノウハウ・商品を次々と開発することができます。そ

して、なにより、それを実現する社員が育っていきます。

会社の理念をいかに社員に伝え、実行面まで落とし込むか。それが「良い会社」を実現させるための大きなポイントです。


経営品質には四つの基本理念があります。

1、お客様本位
2、独自能力
3、社員重視
4、社会との調和

この四つの基本理念を実現するために、どう具体的に取り組んでいくのか。滋賀ダイハツでは経営品質に触れてから、この基本理念をもとに、現在の経営理念と社是につくり変えました。

重要なのは、現場の第一線までの落とし込みです。

経営理念や社是は、朝礼などで唱和している会社も多いと思いますが、それがきちんと実行されているかというと、はなはだ疑問です。滋賀ダイハツも、毎朝朝礼で唱和していたものの、行動レベルにまで落とし込まれていませんでした。

それに第二章で紹介した（社長就任時発表の）「五幸の基本方針」も、社員は知っている程度で、あまり重要視されていませんでした。

関西経営品質賞に応募する前、経営幹部で経営品質の勉強会を実施した時、改めて理念について話し合う機会がありました。その中で「五幸」が会社の理念の中心ではないかとの議論がおこなわれました。そして「五幸の基本方針」を実現することこそが、滋賀ダイハツの企業使命であるとわかりました。

現在は、「経営理念・社是」と「五幸の基本方針」を経営計画書に載せ、朝礼や早朝勉強会で唱和しています。また、経営品質の四つの基本理念を具体的に滋賀ダイハツの経営方針としてまとめ、社員の行動指針としています。

ではここで、四つの基本理念にそった滋賀ダイハツの経営方針を紹介します。

滋賀ダイハツの経営方針

1、お客様本位

（1）社会から歓迎、尊敬される会社を目指して、お客様視点で仕事の仕組みを改善する。

（2）お客様のために良いと思ったことは「すぐやる」。もっと良い方法が見つかったら「すぐ変更する」。間違えたと思ったら「すぐ止める」。

（3）お客様に安心を与えると共に、より一層信頼して頂ける「滋賀ダイハツブランド」を高める。それによって売れないときにも選んで頂ける「滋賀ダイハツブランド」を作る。

※「滋賀ダイハツブランド」の内容

①知名度　②記憶想起率　③試用率　④使用率　⑤愛用固定率

⑥ブランド連想　⑦識別性　⑧優秀性（個性・ユニーク）

2、独自能力

（1）「凡事徹底」で差をつける。

「車」ではなく「滋賀ダイハツ」で選んでいただく。

凡事徹底の定義

①全てに行き届いている。

②その人の主義と行動が迷うことなく一致している。

③すべてのものを活かし尽くす。

（2）環境整備は会社の文化です。「形」から入って「心」に至る。「形」が出来るようになれば、あとは自然と「心」がついてくる。

①捨てる

②止《や》める

③変える

（3）価値観を共有する為に経営計画発表会、上期・下期政策勉強会、早朝勉強会をおこなう。ボトムアップの仕組みと未来対応型解決を定着させる為に上期・下期情報環境整備実行計画アセスメントをおこなう。

3、社員重視

（1）月一回の上司面談やアンケートにより社員の満足度・不満足度を把握し、社員の意識向上をはかる。

（2）優秀社員、永年勤続表彰、禁煙手当、安全運転手当、各種コンテスト表彰・褒章制度を充実する。

（3）小さな行いに感謝し合い、コミュニケーションを円滑にする。サンクスカードを数多く配る。

（4）自分やチームで行ったことが、お客様や社会から認められる機会を数多くつくる。
「してさしあげる幸せ」を数多く実感する。

4、社会との調和

（1）温暖化防止のために、ゴーヤカーテン・植樹・育樹活動をする。（八月・十月）

（2）滋賀レイクスターズを支援することにより、地元滋賀県の活性化・盛り上げをはかる。

（3）学校支援メニューに登録し、トイレ掃除、福祉車両体験学習、出前授業によって将来の日本を担う人材を育成する。

（4）滋賀掃除に学ぶ会の開催を通じて、世の中の荒みをなくす。

（5）地域の安全を守るため、防犯パトロールをおこなう。

二、他社を真似る ― いとわず実践できる

経営品質で、推奨しているものにベンチマークがあります。他社の成功事例を学ぶことです。滋賀ダイハツがやっていることは、ほとんどが他社でやっていたことです。オリジナルはありません。

赤字会社の立て直しを任せられた長浜時代に、鍵山秀三郎先生の「掃除」や坂田道信先生の「ハガキ道」を始めたときと同じように、「いいものは素直に採り入れる。そのままそっくり真似をすればいい」ということです。

真似をするのは恥ずかしいことだ、という見方もありますが、私は決して恥だとは思っていません。すぐれた方法や考え方があれば、これを謙虚に学び、一所懸命に実践することで皆様に喜んでいただけます。

学校のテストでカンニングをしたり、音楽や美術作品、文学作品の盗作のように、作者に迷惑をかけたり損害を与えたりするのとは全く違い、しかも成功事例から学ぶのですから、定着さえできればほとんどの事がうまくいきます。いくつか実例を挙げ

てみます。

来店型営業 ― ショールームのカフェ化

ホンダクリオ新神奈川（現・ホンダカーズ中央神奈川）様の相澤賢二社長（現・会長）を訪ねました。顧客満足度日本一のディーラーとして知られ、業界では知らない人がいないくらいの有名店です。二〇〇三年に日本経営品質賞を受賞されました。

同店を訪れて驚いたのは、自動車ディーラーでありながら、店内に自動車を展示していなかったことです。また、自社の自動車のポスターも貼っていません。その代わりに絵画を飾るなどして、ゆったりと過ごせる「寛《くつろ》ぎの空間」がつくられていたのです。

私はこれをすぐにとり入れ、全拠点で「ショールームのカフェ化」を推進しました。これにともない、お客様宅を一軒一軒訪ねる訪問営業ではなく、お客様に店舗までご来店いただく「来店型営業」に変えました。

ディーラーには、商談に訪れるお客様だけでなく、オイル交換といった愛車のメンテナンスに訪れるお客様もいらっしゃいます。そうした方々に、作業をしている数十分のあいだでも、楽しく過ごしていただくことができます。

その他、ホンダクリオ新神奈川様の、「お出迎え、お見送り一〇〇%」「店舗演出コンテスト」「サービスアンケート」を真似てすぐに実行に移しました。

改善を加えていくと オリジナルのように見える

最初は、真似をするにも大変時間がかかりました。たとえば「お出迎え、お見送り」ですが、それまでは、お客様がショールームの入り口に入って来られてからの対応でした。「お出迎え、

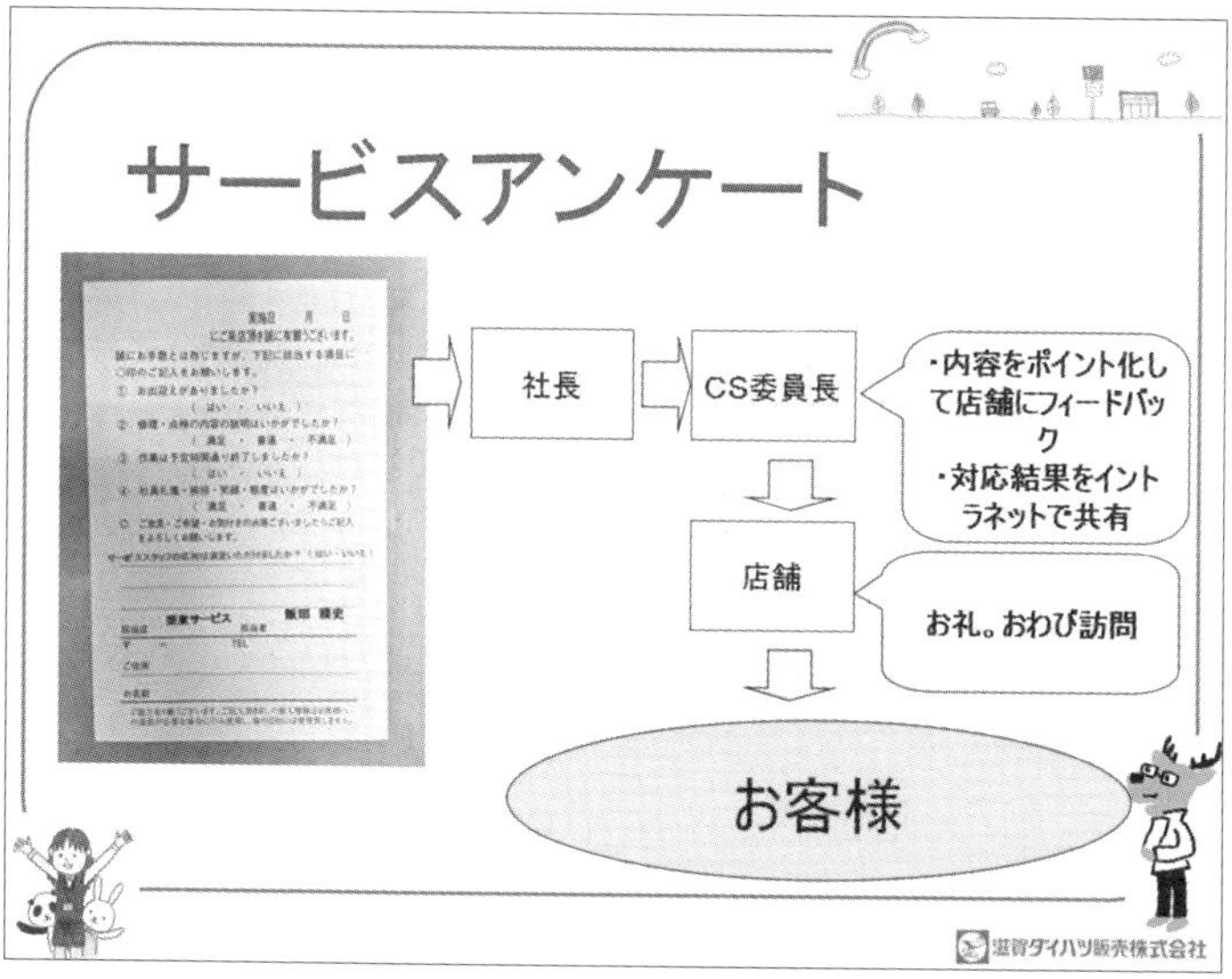

サービスアンケートの仕組み

お見送り」を一〇〇％しようとすると、そこに待機する人が必要になります。新たな仕事が増えるわけです。人員は増やしていないので、改善工夫をしなければ実現しません。

お客様が来店されるとき「前もってお願いした用件がちゃんと伝わっているか、また難しいことを言われないか」、特に、女性のお客様は不安に思われています。そういったお客様の不安を除き「来て良かった、また来たい」と思っていただくことが大切なのです。しかし、そのときは「こんなに忙しいのに、さらに仕事が増えた」と社員が思うのも無理はありません。

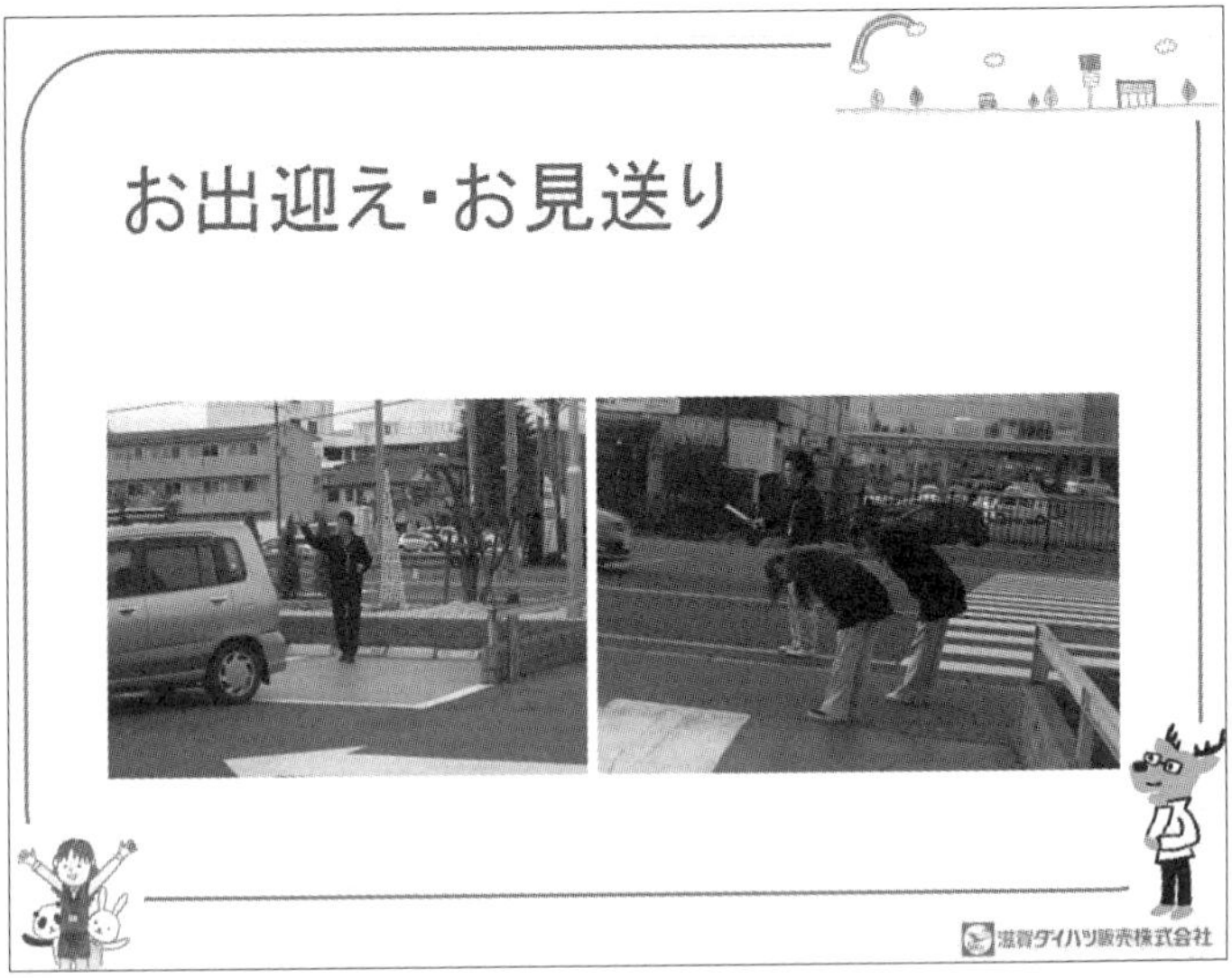

お出迎え、お見送り

そこで店舗の応対スタッフを増員し、何度も店舗のオペレーションを改善して、ようやくお客様をお名前でお呼びできるお出迎えができるようになりました。

トヨタカローラ徳島様を見学した際には、非常に画期的な「30分車検」と、「女性スタッフによる女性のお客様のイベント」を勉強させていただき、当社でもそのまま導入しました。

真似も何度もやっているとだんだんと上手くなっていきます。トヨタカローラ徳島様の「30分車検」を「カフェde車検」として、そっくりそのまま取

カフェ de 車検

実績

2014年9月より全店展開

現在　30%

り入れたとき、竹内浩人社長（当時副社長）様は「30分車検を多くの会社が見学に来られたが、真似をされたのは数社しかない。滋賀ダイハツはその数社の一つだ」と驚かれていました。

長く真似をしていると、だんだん上手くなって工夫が加わりそれがオリジナルになっていきます。この項「他社を真似る」のはじめに「オリジナルはありません」と書きましたが、長く続けて、改善を加えていますので「オリジナルのように見える」のが正しい表現かもしれません。

ショールームのカフェ化で設置されたキッズコーナー

三、社会貢献活動 ― 行動することでその意義を実感

経営品質プログラムには、次に示す組織プロフィールと、八つのカテゴリーがあります。経営品質賞に応募するには、五十ページに亘《わた》る経営品質報告書を記述し提出しなければなりません。そのカテゴリーごとに自社の考え方や、具体的に実施していること――過去からの経緯、今後の予測まで――を記述していきます。

組織プロフィール

一、組織が目指す理想的な姿
二、現状認識と環境変化
　（1）提供価値　（2）顧客認識　（3）競争認識　（4）経営資源認識
三、変革認識
四、組織情報

カテゴリー

一、リーダーシップと社会的責任
二、戦略の策定と展開のプロセス
三、情報マネージメント
四、組織と個人の能力向上
五、顧客・市場理解のプロセス
六、価値創造プロセス
七、活動結果
八、振り返りと学習のプロセス

滋賀ダイハツでは、この報告書を形にするのに相当の苦労がありました。

今まで会社の効率化や、業績向上のための取り組みについて話し合ったことはあるのですが、経営をカテゴリーごとに考えたことがなかったので、話し合いは思うように進みませんでした。

まして、やっていないことは書きようがありません。話し合いながら記述していくと、こうあったらいいなと思うことが、さもやっているかのように意図せず書いてしまうこともあります。そんな記述ですと審査員の方に「これ、やってないでしょ！」と現地審査で見破られてしまうのです。

それでも、記述をすることで、滋賀ダイハツの問題点や改善すべき点などが見えてきて、カテゴリーごとに整理ができてきました。

たとえば、社会的責任と社会貢献について話し合ったときのことです。大企業ならCSRの部門があって啓発活動も活発的におこなっているのでしょうが、中小企業では苦手なカテゴリーです。

「社会貢献なんて何もやっていない」。当初はそう思っていました。

実は、仕事を通じて社会に貢献していることにすら気づいていなかったのです。

滋賀掃除に学ぶ会

このカテゴリーを話し合う前、滋賀掃除に学ぶ会の運営は、自分たちの心磨きの活動であり、社会貢献活動とはあまり関係のないものだと考えていました。しかし、話し合いの中で、掃除をすることは子供達の成長につながり、充分社会に貢献しているものだということが理解できました。

最近では、どこにいっても、滋賀ダイハツがおこなっている掃除の会などの社会貢献が話題にあがってきます。このように長く続けることで、社会から評価されることができました。

子供達とトイレ掃除をおこない一緒に学んでいると、トイレを汚さないで使う人になります。毎朝、職場の周りの掃除をしていると、少なくともゴミを捨てない人になります。

野武士集団で、少々のことをしても利益さえあがればよいと思っていた人の集まりだったのに、いつのまにか野武士とよばれるような荒い人がいなくなりました。

自分たちのモラルや規範が醸成されることで、社会に迷惑をかけないという気持ちが社員の心に宿り、社会的責任が果たせる組織になってきたのです。

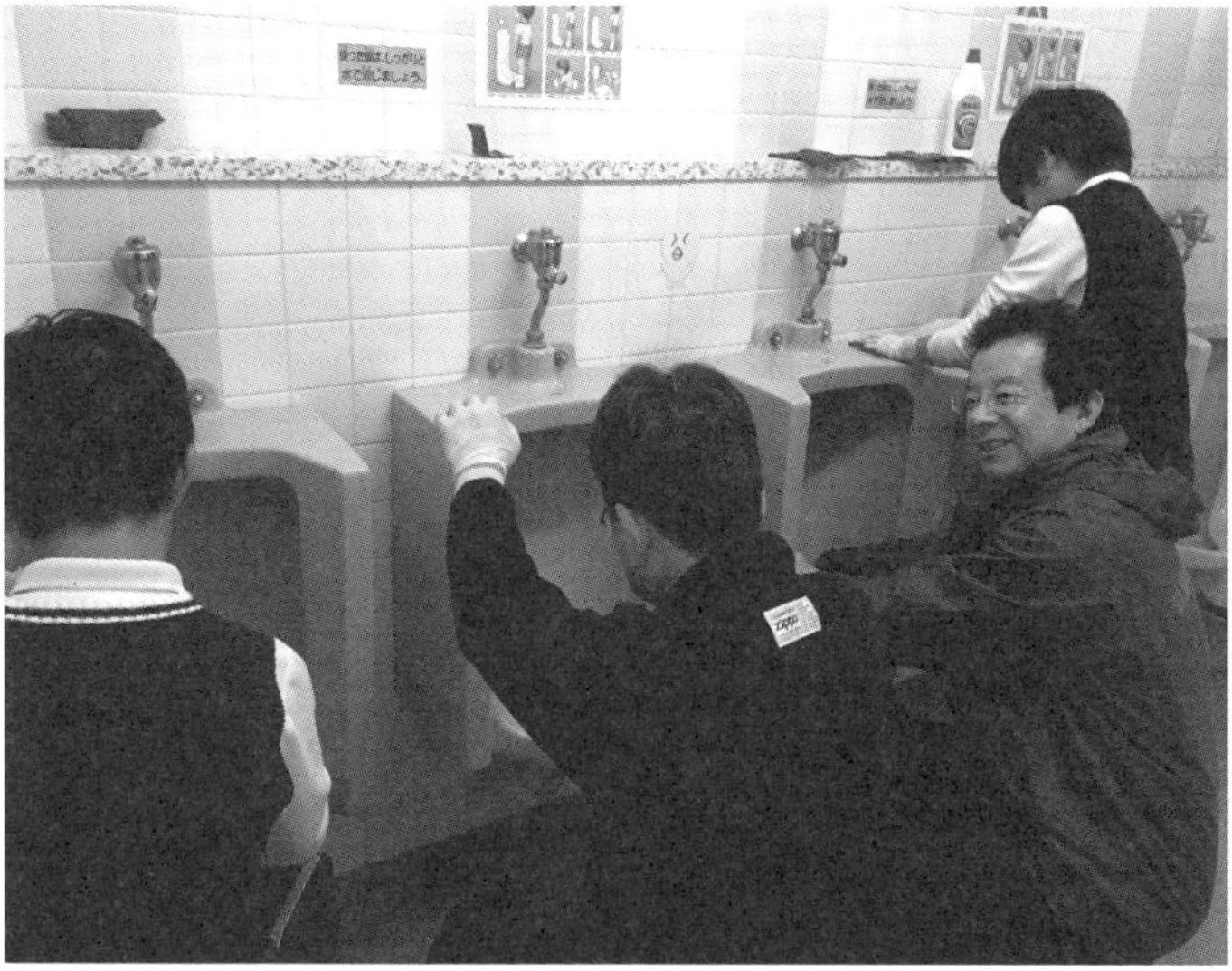

（上下）　学校でのトイレ掃除

ＣＳＲ委員会

平成十七（二〇〇五）年、社会貢献活動を実践していこうと、ＥＳ（社員満足）委員会、ＣＳ（お客様満足）委員会と合わせて組織を立ち上げました。

その時、ちょうど創立五十周年にあたっていたので、何か記念に残ることをやろうと考えたのが「植樹」でした。滋賀県では、大規模治水の一環で、近くを流れる野洲川の流れを付け替え、以前の河川跡を森にしていく「地球市民の森」事業が展開されていました。それに賛同して、琵琶湖岸の清掃と植樹を行いました。十月一日に一〇〇〇本の苗木を社員全員で植えました。

それから、毎年十月は植樹、八月は樹の成長を助けるために下草刈をする育樹を開催するのがＣＳＲ委員会の仕事になりました。

地球市民の森もいっぱいになったので、現在は葦《よし》を植える活動をしています。琵琶湖は、日本で一番大きな湖であるとともに、四百万年前にできた古代湖です。固有の生物が数多く生息しています。

自然あふれるこの琵琶湖が近年の埋め立てなどで、自然を守っていた葦《よし》が半分以下に減少しているからです。

葦は植えても多くは枯れてしまいます。それゆえに継続的に植え続けなければいけません。

長く続けることができる活動です。

びわこ地球市民の森草刈りボランティア（平成 22.8.5）

（上）　ＣＳＲ活動　ヨシ植樹（平成 27.11.3）
（下）　家族で参加

福祉車両専門店「フレンドシップ大津店」

平成十四（二〇〇二）年、店舗での福祉車両の販売を目的に、福祉車両専門店「フレンドシップ大津店」が誕生しました。

しかし当初は通常の店舗として利益責任をあたえ販売店舗としたために、毎月赤字続きでスタッフのモチベーションは下がる一方でした。しかも福祉車両の普及活動は湖南地区限定のものとなっていました。

それでは「福祉車両で社会に役立つこと」はできないと、支援部門にすることで、本来の活動ができるようになりました。

現在は、次のような活動をしています。

県や各自治体が主宰する福祉イベントや、出張展示会をつうじて、県内各地で福祉車両の普及活動に取り組んでいます。

店舗や販売店が福祉車両の商談をするとき、専門的な知識が無く困ることがよくあります。また、公的な購入補助金などは市町村ごとに違います。そんなときは、フレンドシップのスタッフがすぐに出張し対応します。

またご自宅や病院で福祉車両をご覧いただける「無料出張サービス」、実際に家庭で体験利用していただく「七十二時間無料貸し出しサービス」などをおこなっています。

スタッフはホームヘルパーの資格をとり、社内でユニバーサル・サービスが出来るよう講習会も実施しています。

福祉車両展示会

あわせて店舗のバリアフリー化もすすめています。

このことが評価され平成二十（二〇〇八）年、滋賀県ＣＳＲ大賞を受賞しました。

社会貢献活動は少なからず、人やお金といった経営資源がかかります。当社も余裕があってしているのではありませんが、そのときの組織で出来ることからすれば良いのです。

社会から評価されるのには時間がかかります。

長く続けることが大切です。

四、社員が同じ価値観で自ら考え行動する組織になる

経営品質には「革新軌道にのせる」という言葉があります。軌道にのせるとは、レールの上に載せて、革新の方向へ勝手に進んでいくようにすることです。ところが、これがうまくいかない。

先にも述べましたが、滋賀ダイハツは分社制を採用しています。機能別に組織を細分化し分社化しています。それぞれの分社にリーダーをおいて利益責任を与えています。ゆえに、利益意識が高くなります。— 経営品質で言う部分最適が優先された形です。

その反面、毎月どの分社が、いくら利益があがった……ということをやりすぎたものですから、分社同士が大変仲が悪くなっていきました。

店舗には新車分社とサービス分社があります。たとえば、車検の予約に来られたお客様が担当営業スタッフとお話しをして、新車にお乗換えすることになったとします。

会社としては大変喜ばしいことなのですが、車検が一台取られたサービス分社は面白くありません。だんだんと仲が悪くなり、お互いに手伝わなくなってきます。

分社が違う価値観で動くとこのようになります。

この場合はそれぞれの分社の利益という価値観で動いていたのです。これでは、革新軌道どころか、ばらばらな方向に足を引っ張り合う組織ということになります。

店長専任制

そこで、分社制はそのままにして店長を専任制にしました。

店長の専任制なんて昔からやっていると言われるかもしれませんが、長く分社制をしていると、店長専任制をとるのは難しいことでした。

店長には、利益優先ではなく、どうすればお客様に喜ばれることができるかを考えるように伝えました。

すぐには良くはなりませんでしたが、少しずつ、お客様に喜ばれて嬉しかった、という声が社員のなかから出てきました。そんなことがあると、ボイスメールやイントラネットで社員に発信することで、自分たちがどうすればいいのか社員のなかに浸透するようになりました。

「規則基準」と「原則基準」

長浜店であった実際の話です。遅刻してきた社員がいました。朝、出勤途中に動けない車を見つけたので、それを助けてきたそうです。会社の規則からすれば遅刻はペナルティがあります。知らんふりして通り過ぎるのが普通かもしれません。しかし、サービススタッフの彼は、ペナルティを考えずに助けたのです。

会社の規則は「遅刻してはだめ」と決まっています。規則を優先すると、お客様の要望に「規則だから出来ません」ということになります。こういう組織は、規則に縛られ、事なかれ主義で、規則を守って無難に過ごそう。ということになります。

「お客様や人を喜ばせること」を実行しよう。と、常々考えていますので、たとえ遅刻をしても困っている人を助けよう、という気持ちが社員に芽生えるのです。

お客様や人が喜ばれることという原則に基づいて行動すると、困っている人を助けることがあたりまえになります。

彼が助けた方ですが、大変感激されて、その後、車を買いに来られました。彼が、原則基準に基づいて取った行動で、長浜店の大切なお客様が増えました。

こんなことがあったときは、社内のイントラネットやボイスメールでほめたたえます。ボイスメールとは声のメールです。電話を使い、個人あてにでもグループ一斉にでも送ることができるので、色々な情報を共有するのに大変便利なツールです。

声のトーンがわかるので、文章では感じ取れない感情まで伝わります。

このように「原則基準」で動く組織になったことで、大きく変わりました。

当社へは、郵便局や宅配便の方から毎日荷物を配達していただいています。品物が届くと伝票にサインをしてお渡しするわけですが、それをすぐに受け取らずに配達の人が車に戻られるときは、まだ荷物があるということです。そんなときは、社員が「あとどれくらいありますか？」と声をかけて手伝います。多くの品物が届いた場合には、近くにいる社員に「五人手伝ってください」など指令が飛ぶこともしばしばです。

配達する人はだいたい同じ地区を回ります。しかし、荷物を一緒に降ろして運んでくれる会社は少ないようです。

配達の人が車を買いに来てくださることがあります。買っていただきたいと思ってやっていることではないのですが、来店される方は全てお客様、と言っている結果の表れだと思います。

五、マイナス情報まで社長に即届き即対策がとれる

経営品質のカテゴリーのなかに「顧客・市場理解のプロセス」というものがあります。このカテゴリーを話し合ったときのことです。

大企業なら、マーケティング部門があって、そこで市場調査や分析をするので良いのですが、自分たちにはマーケティングの知識も無いし、何でも掛け持ちをしている中小企業には難しいカテゴリーだ、という声があがりました。たしかに、中小企業の不得意なところです。市場調査はメーカーがするものだと思っていました。

お客様の声は「サービスアンケート」や「満足度調査」で収集はしていましたが、分析まではやっていませんでした。カテゴリーの記述に「やっていません」とは書けませんので、最初は無理やりやっているかのように書いていたのです。

中小企業では、メーカーがやっているようなデータの分析はできません。では、メーカーがやっている分析は、的確なのでしょうか。

販売会社から集まった情報は地域差があります。

また集めるには時間がかかります。もしかすると、賞味期限が切れた情報かもしれません。それを分析しても的確な方針がでてこない可能性があります。

ひょっとしたら、やりたい方針を通したいがため、後付けで分析していることがあるかもしれません。グラフのメモリを少し変えるだけで、見え方を変えることができるテクニックを聞いたこともあります。

直接、お客様に接しているのは我々であり、メーカーは直接お客様の生の声を聞くことはできません。その大切なお客様の声を、やり方次第でもっと生かすことができるのではないかと気づきました。お客様の声を工夫して集めれば、分析などしなくても分ることがあったのです。

お客様の真実の声を聞く ― 改善点が見つかる

最初はアンケートでお客様の声を集めていました。満足度調査やサービスアンケートを長く続けていると、ほとんどが「良い」に、丸がついてきます。しかし、本当に満足されているのでしょうか。現状のサービスに満足されているのではなく、我慢されているのではないかと考えるようになりました。

私の趣味のひとつにゴルフがあります。ゴルフが終わるとアンケートに応えてキャディさんに渡します。その時は、すべて「良い」にまるをつけます。しかし、そのあとお風呂にはいったときに「あのキャディさん、距離まちがっていたよな」とか「芝の目まちがっていたよな」とか、そんな会話を良く耳にします。お風呂での会話が真実の声です。

その真実の声を聞かなければ、アンケートをとっても意味がありません。

広告宣伝を考えるときには、認知経路や選択理由を大切にしています。ところが、お車を見に来られたときに聞いても、本当のことはなかなか言っていただけません。私たちの会社の場合、納車のときが真実の声を聞くチャンスです。お客様の気分が一番良いときなのです。

納車のときに、どうして滋賀ダイハツのことを知っていただいたのか、また、選んでいただいたのかを、さりげなく聞いて、広告宣伝に活かしています。

「プラス事項」と「マイナス事項」

お客様から真実の声を聞く方法として、経営品質賞を二回受賞された(株)武蔵野様をベンチマークし、色々と勉強させてもらいました。そのなかに、お客様の声をポストイットカードに書いて集める仕組みがあり、真似させてもらうことにしました。

お客様との会話から「プラス事項」と「マイナス事項」そして「ライバル情報」をポストイットカードに記入して分類します。その情報を集め、店長会議、役員会と順番に上げていき社長の耳にとどくようにします。

特に「マイナス事項」の中に、素晴らしい改善情報があるのです。

しかし、普通この「マイナス事項」は、なかなか社長にまで上がってきません。たとえば、クレームの場合、こじれてどうしようもなくなってから上がってくるのが普通でした。それでは手遅れです。

そこで、失敗したことはとがめず、報告しなかったときにとがめるようにしました。すると「マイナス事項」がどんどん上がってくるようになりました。

この情報をもとに、具体的に何をするのかを決めていきます。

お客様の声を聞きながら実行するので、実行したことの手ごたえや要望が返ってきます。やっていることが間違っていれば、すぐに変えればいいのです。

ライバル情報 ― 例えば車検

「敵を知り己を知れば百戦危うからず」。皆様ご存知の孫子の兵法です。ところが以前の私たちはライバルの情報を集めずにいました。集めてもライバルのチラシくらいでした。今思うと大変に無防備なことをしていたことになります。

滋賀ダイハツはカーディーラーです。滋賀県というテリトリーを与えられています。

メーカーは多額の宣伝広告費を投入してくれます。信頼もあります。それゆえ、ディーラーに油断が出てきます。そこにライバルがつけ入るスキが生まれるのです。

車検は繰り返しお客様にご利用いただける商品です。法律で決まっているので必ずどこかで受けられます。それゆえに競争も激しく、軽自動車の併有車を狙った小型車ディーラーや車検専門店、ガソリンスタンドなどがライバルになります。

週末には「車検が安い！」というチラシが入ります。当社のお客様の中にも「安いところで受ける」と言われる方がいらっしゃいます。今までは「そうですか、次回またお願いします」と言って、敗戦していました。せっかく、お車を購入いただいたのに、車検ではお客様に喜んでいただけなかったのです。

ところが、車検専門店のライバル情報を集めてみると、「安い車検」がそうではないことがわかってきました。ミステリーショッパーで車検をしてみると、最初は基本の安い金額を提示します。コース内容を説明して、お客様にぴったりな車検はこちらのコースですと、結局ディーラー車検と変らない金額の車検になることがわかりました。整備が必要な低年式車なら、さらに高くなることさえあります。

もちろん、基本の安いコースを選ぶこともできるのですが、そこはそうならないようにお客様に提案できるロープレなどが組まれているのです。安い車検を選ばれるのは、わずか五パーセントだということもわかりました。

ディーラーの車検は、車検整備一式として工賃をいただいています。その中には、部品を交換していく工賃も含まれているので、大きなものを交換しなければ新たに工賃は、発生しません。しかし、車も新しいしあまり走行していないので、安く済ませたいと思われていても——部品を交換しなくても工賃が含まれているので——そんなに安くはならないのです。

そこで滋賀ダイハツでは、工賃を分け、車検専門店に対抗できる「セレクトde車検」を導入しました。

ディーラーだから説明せずに車検をして、お金をいただくのは、おごり以外の何物でもありません。このおごりで、ライバルにお客様を奪われてしまいます。

説明してみると、基本コースで受けられるのは三パーセントです。お客様のニーズは、車検は安いにこしたことはありませんが、実は安心して乗りたいのです。

「セレクトde車検」ができたおかげで、これまで敗戦していたお客様にも「同様の車検がありますよ」と敗戦する数も減りました。車検でお客様に喜んでいただき、繰り返しご利用いただけるお客様が増えたのです。

お客様インサイトで生まれた〝カフェde車検〟

お客様を観察し、会話をして、お客様の声や何気ないしぐさから、お客様のニーズを読み取り、価値を提供する。これが、お客様インサイトです。

矢印が自分に向いているときはこれができません。自分のことで精一杯なのです。お客様や他人に矢印を向けて、何かして差し上げることはないかと考えるようになって、はじめて実現することなのです。

車検の商品ですが、もう一つお客様のニーズを汲み取り商品にしたものがあります。「カフェde車検」です。

さきほども述べましたが、「安く車検を受けたい」というニーズはあります。
一方で、よくよく聞いてみると、それとは違う思いもあることがわかりました。

・きちっと見てほしい
・車のことはわからないので全てお任せしたい
・代車には乗りたくない
(特にお子様連れの女性のお客様は、例えば代車にチャイルドシートをつけ替えるのが大変なのです)

というようなお客様のニーズです。
そこで代車を利用しないで、待ってい

カフェ de 車検

る間に車検ができないか、ということを考えました。

どこかで早く車検しているところはないかと考えているところに、見学に行かせていただいた先で見つけました。トヨタカローラ徳島様です。「30分車検」ということでやられておりました。

そこで早速、先方にお願いし、私たちの得意技であるベンチマークを実施しました。撮ってきたDVDを何度も見て動線を考え、工具を準備して、手順書を作って、訓練して最初はモデル店を作りました。

それを横展開して全店でできるようにしました。


コンセプトは「カフェでくつろいでいる間に車検ができる」です。


特に三十分で車検するものですから、「そんなに時間が短いのだったら安くできないか」と言われたりしますが、検査員が一人と作業スタッフが二人、記録簿と説明に一人と合計四人がかりで仕上げるということをお客様に説明します。

「ちょっとくつろいで待っている間に車検が出来上がる」

「安心安全な車検が出来上がる」

ということを、社員がオリジナルで動画を作成して、お客様にお伝えをしています。

これを私達は〝カフェde車検〟と名前をつけました。

現在では三〇％のお客様にご利用いただき、

「ゆっくりくつろいでいるあいだに車検ができました」

「代車に乗らずに済んでよかった」

など、大変ご好評をいただいております。

六、ＰＤＣＡが正しく回る組織になる

前にも述べましたが、昔から、滋賀ダイハツは新しいものが好きです。あれもやろう、これもやろうと聞いてきたこと、見てきたことを取り入れます。でも、やりっぱなしでチェックもなし、社員は「またか！」と、ほとぼりが冷めるのを待っています。そして、また違うことが始まっていました。プラン、ドウ、チェック、アクションではなく、プラン、ドウ、キャンセル、アゲインのＰＤＣＡが回っていたのです。

それが実行できるようになったのは、経営品質に取り組み行動をスケジュールに落とし込むことと、チェックする仕組みを取り入れたからです。

経営方針を一年間のスケジュールに落とし込む

方針を経営計画書に載せているだけでは実現しません。以前「滋賀ダイハツ報」という方針書をポスターにして各職場に貼り出していました。良いと思ったことは何で

も書き出し、やってみるのですが、書いてある半分も実行されませんでした。まさに絵に描いた餅だったのです。

経営方針を実行するためには、一年間のスケジュールに落とし込むことが必要です。一年先のスケジュールまで分らないと思っても、とにかく書いてみると、毎年、同じ行事があって結構書けるものです。あとから予定が入って重なれば、変更すればいいのです。

たとえば、資金運用に関する方針には「事業年度計画によって定期的に報告をおこなう」と書いてあります。金融機関に報告をするのですが、定期的といってもどれ位の頻度で実行されるのかもわかりません。そこで、スケジュールに毎月「銀行訪問（後藤・小堀）」と記入しています。年間スケジュールは金融機関にもあらかじめお知らせしています。今では玄関で待っていてくださるところもあり、毎月、決まった時間に訪問ができます。

こうしてようやく実行できる組織になりました。

全社員が一堂に集まり実行計画を策定

滋賀ダイハツでは、年二回、全社員が集まり体育館を借り切って一日かけて六ヶ月間の実行計画を策定しています。パートさんや関連会社の社員も集まりますから約四百人がグループに分かれてホワイトボードを前に、話し合います。出来上がった計画は、役員が承認し最後に私が承認します。社員は自分たちで決めた実行計画ですから、やらされ感ではなく自ら実行するようになります。トップダウンではなく、ボトムアップの仕組みです。

チェックする仕組み

出来た実行計画が昔の滋賀ダイハツ報のように壁新聞にならないように、月に一度、自分たちで評価します。あらかじめ評価の基準を決めておき、前月の活動を皆で振り返るのです。リーダーがひとりでやらないように、全員で写真を撮って、その月の実行計画の下に貼っておきます。全員が参画する仕組みです。

これが出来ているか、環境整備点検でチェックしています。チェックポイントは、必要項目がきちんと記入できているか、全員が参加して実施しているかなどです。

全員参加している証拠として毎月、写真を撮ってもらっています。実行計画は滋賀ダイハツのPDCAを回していく大切なものなので、評価ポイントは他の項目の三倍になっています。ですから手を抜くことは普通できません。

ところがわからないように、その上手をいくものがいます。当月の目標も書いてある。人事異動した社員の名前も、

情報環境整備の実行計画を全社員が一堂に会して立てる。現場の主体性と自主性を高めるボトムアップ型マネージメントスタイルをめざす（米原の体育館にて）

変更してある。振り返りがされていて、評価ポイントが記入してあり、きちんと写真も貼ってある。でも何かおかしいのです。よく見ると前月と同じ写真です。人は信用しても、仕事は信用してはいけません。

さらに全グループに実行計画のレビューをおこなっています。一グループ二十分かけて実施しますので、滋賀ダイハツで起こっていることが手に取るようにわかるのです。

私は、指示する人からチェックする人に変わりました。

このように二重にチェックする仕組みを取り入れることで、いままでのように、ほとぼりが冷めるまで知らん顔をしていることが出来なくなりました。

滋賀ダイハツの社員は、まじめで明るく、モチベーションもあって、大切な仲間であり家族です。

しかし、人は、易きに流れるものなのです。だから、決めたことが実行できるようにスケジュールに落とし込み、二重、三重にチェックすることが大切です。

七、人を喜ばせることを生き甲斐とする社員が育つ

人を喜ばせることを生き甲斐に感じる社員を育てることが、私の使命の一つと考えています。

私の会社は車を販売しています。車は高価なものです。軽い気持ちで買えるものではありません。額に汗して、一生懸命働いて、やっと念願の欲しい車を手に入れることができます。

その車を私達がお届けしたとき、お客様は本当に嬉しそうな顔をしてくださいます。その笑顔をみることが私達の生き甲斐になり、働く意欲を高めてくれます。。

GLAの高橋佳子先生が考えられた「三つの幸せ」のお話があります。

一番目が「してもらう幸せ」です。私達が生れてからすぐに、お腹がすいて大きな声で泣くと、お母さんがお乳をくれます。おしめが濡れて泣くと、おしめを取り替えてくれます。お乳をもらったり、おしめを取り替えてもらうと、赤ちゃんは泣き止むというふうに、何かをしてもらうと嬉しい。これは「してもらう」幸せです。

二番目は「できる幸せ」です。もう少し大きくなりますと、自転車に乗れる、いままで跳べなかった跳び箱が跳べるようになるというふうに、嬉しくてとても幸せなものです。いままでできなかったことが「できるようになる」幸せです。

三番目が「してさしあげる幸せ」です。私達がお父さんやお母さんから何か頼まれて、それをやってあげると、お父さんやお母さんは非常に喜びます。

あるいは、友達に何かをしてあげると、友達が喜ぶというふうに、「何かをしてあげる」と人がとても喜びます。そして、人が喜んだ顔を見たときに、自分が幸せになります。

これがもっとも大事な幸せです。

いつも人に何かをしてもらわないと不満な人、自分さえ良ければいいという考え方の人には本当の幸せは訪れないと思います。

ですから、この「してあげる」幸せの周りには、非常に善良な、「人のいい」人達が集ってきて、そのいい人達といい人生を送ることができるようになります。どんな些細なことでも、どうしたら人が喜び、どうしたら人が幸せになるのかというふうに考えて行動していくことが、私達のこれからの人生をどんどん良くしていくのだと思います。

これからも、自分のことはちょっと置いて、なるべく周囲の人を幸せに導くように心していきます。

お客様は喜んでくれているだろうかを常に考える

お陰様で最近は、多くの経営者の方々との出会う機会に恵まれています。いろんなお話をする中で、何のために自分は経営をしているのかと、今まで以上に深く考えるようになっています。

二宮尊徳翁は「道徳なき経済は罪悪であり、経済なき道徳は寝言である」と言われています。会社経営は利益を上げてこそ社会的責任を果たすことができるわけです。

しかしそれだけにとらわれてしまうと、どうしても目先の数字、売上げとか利益に目がいってしまいます。それは、当然と言えば当然なことなので、疎かにはできません。ところがよく考えてみると、それを実現してくれるのはお客様なのです。

以前は私自身、その大切なお客様のことを言わずに、数字のことばかりを言っていた面があります。経営品質に取り組み、今はほとんどそういうことは言わなくなりました。

お客様は喜んでくれただろうか、お客様は私どもの会社を選んで満足しているだろうか、そういう思いを大切にしていこうと社員に言っています。

「あんたは親孝行を売っている」

お客様は、私どもの会社を選んで満足しているだろうか。私たちが忘れてはならない大切な気持ちです。この間もこういう話がありました。

私ども福祉車両の販売に力を入れてやっています。

福祉車両というのは、車の後方から折りたたんだ板が出てきて、それがスロープになります。また助手席のシートが電動で回転して前に出てきます。

車椅子の方が、車椅子に乗ったままスロープの上まで移動すれば、そのまま車椅子と共に上がって車に乗れるわけです。

そういう車を必要なお客様がいるはずだから、そこを丁寧に説明してフォローしようということで、福祉車輌専門のスタッフも養成をしました。

そのスタッフは車の販売をしてはならないと決めています。

スタッフとして、お客様のもとにすぐに行くということにしてあるのです。今は、結構引っ張りだこになっています。

そのスタッフがあるお客様のところに行きました。たまたまそのお客様は店頭に来られなくて、ご自宅での納車でしたので、担当の営業スタッフと一緒にご自宅まで行ったわけです。

そこで使い方をわかりやすく説明することになっています。それをしないで、間違った使い方をしたら危険な車になってしまうからです。

説明を終え、無事に納車させていただいたわけですが、そこでドラマがありました。

そのお車を買われたのはお嬢様です。

お母様は体が不自由で、車椅子が必要な方でした。家には普通の乗用車しかなかったので、お母様を乗せてどこかに連れて行こうと思っても、乗り降りが大変で、外に行こうとは言いづらかったそうです。

お母様もまたそのことを知っているので、娘さんのことを気遣い、「私、どこにもいかへんわ」と言って家に閉じこもり気味だったそうです。

福祉車輌をご購入されて、お母様が実際に乗られました。

「ああ、これはええわ。これやったらどこでも連れていってもらえる」

と、お母様がものすごく喜ばれました。

その言葉を聞いて娘さんは、うれし涙を流しながら、

「お母さんを、これでいろんな所に連れていってあげられる」

と、お母様と一緒に喜ばれたというのです。

担当したスタッフが会社に戻ってきて、少し興奮気味に「説明に行って、私たちも思わずもらい泣きしてしまいました。この仕事をして、ああ、本当によかった」と報

告してくれました。

充分に彼の喜んでいる気持ちが伝わってきたので、私は彼に言いました。

「あなたは車を売っているのと違うわ。あなたは親孝行を売っているよ」

また彼は涙を流しました。

こうした体験を通して私たちは、単なる車を売っているのではない。お客様に喜ばれること、お客様の利便性、困っていることをお助けする、そういうことを売っている会社だということが実感としてわかってきます。

それがわかるまで長い時間がかかっているわけですが、経営品質に出合ってやっとリコーの桜井正光社長がおっしゃった「CSはすべての方針に網掛け状にかかる」ということが、「ああ、なるほどなあ。やっぱり言うとおりだなあ」ということがしみじみとわかってきた感じです。

日本経営品質賞の挑戦を途中で諦めず、三回連続で挑戦したことが大きいと思います。もし「ムリだ」と言って二回で止めていたら、現在のような、本当の喜びは味わえなかったかもしれません。

いや、むしろ、もっともっと困難な道をいって、毎日売れ売れとか言っていた可能性が高いような気がします。

第四章　部分最適から全体最適へ

滋賀ダイハツの概要

ここで滋賀ダイハツの置かれた状況などを紹介します。

一、市場　滋賀県人口　一四一万人

自動車保有台数　九八万台　【内軽自動車　四三万八千台】

（二〇一四年三月）

※ダイハツ車　一六万五千台　軽シェア三七・六％

滋賀ダイハツの軽自動車シェア四〇・二％（二〇一五年一月〜一二月）

二、顧客　直販　三九、五〇〇台　　業販　六〇〇社（内ＰＩＴ店一一九店）

三、事業所

販売店舗　一四店（新車専売三、中古車専売三、新車・中古車併売八）

業務支援　物流センター・車検センター・部品センター

営業支援　本社・プロモーションセンター（販売促進）

四、社員数　四二二名（正社員三四三名、パート七九名）

店舗紹介

滋賀県は、琵琶湖を挟んで、北国街道、中山道、南に東海道があります。それぞれの街道に店舗があります。

これらを全部まとめて全体最適にもっていくのが私の使命の一つです。

その取り組みは、すでに述べているのもありますが、ここで特徴的なことを取り上げて紹介します。

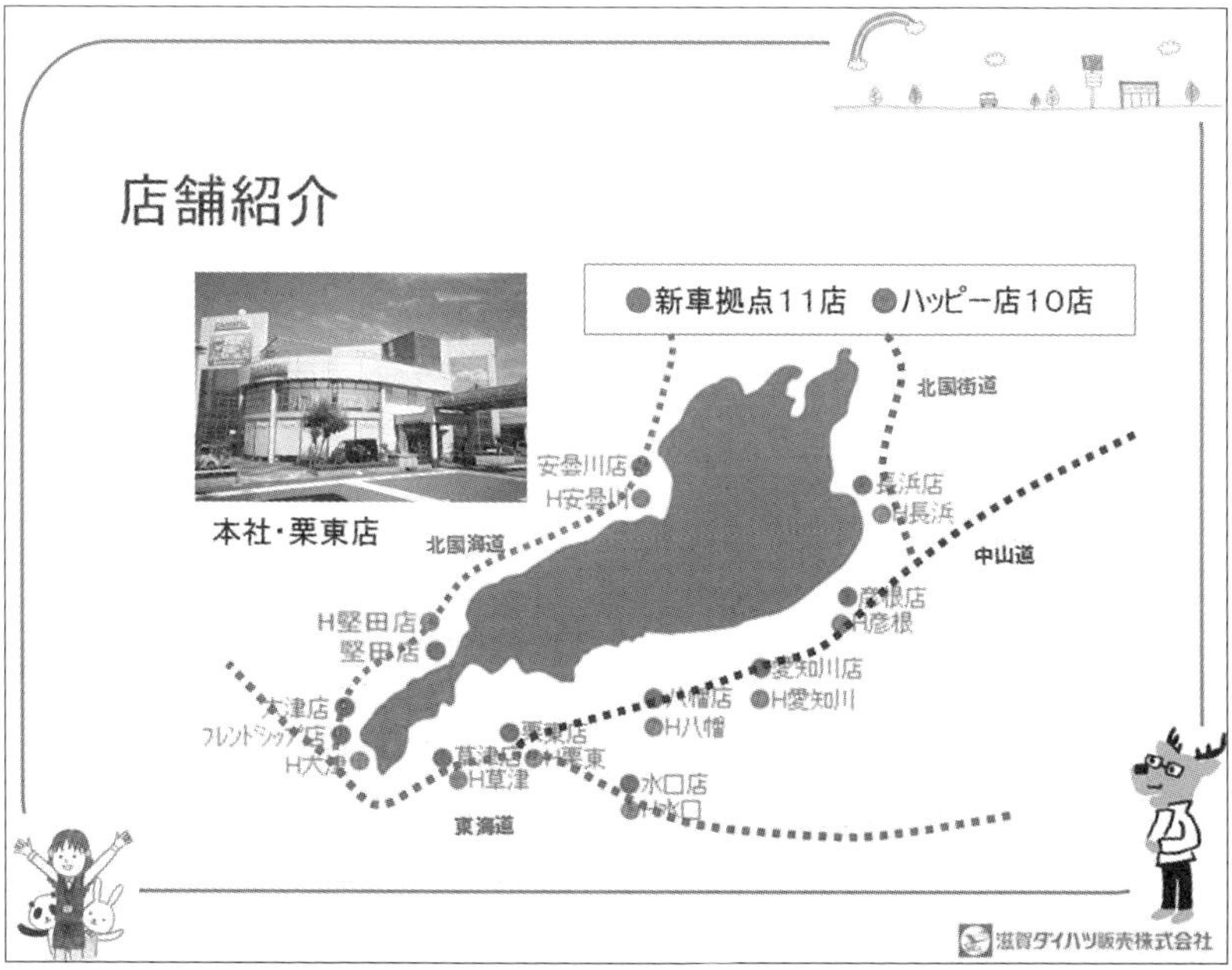

車を買ってくれた後もお客様になって頂く

私が社長になって二十一年、ようやくお客様の立場になって考えるように会社全体のレベルが上がってきたと思っています。最初はそういう点が大きく欠けていました。例えば営業に限って言えば、個人プレー的なことが多かったことが挙げられます。その代わり、個人として車をたくさん販売している方もたくさんいたので会社はそれで評価していたのです。まさに部分最適の典型的な姿でした。

ところが今は車の販売の形態が、昔と違ってきて、チームプレーでやらないとお客様に満足を与えられない状況になっています。個人としての力量は当然求められますが、それがチームとしての力になっていかないと——特に分社制で成績を上げてきた滋賀ダイハツとしては——やっていけない時代になっているのです。

かつては各ご家庭に訪問するのが普通でした。夜でもよかったわけです。家に上げてもらって、そこでセールスカバンを開けて商談をしていました。しかし今は、家に上げてもらえなくなっています。

また、訪問すると、よく頑張っているといます褒めてくださいました。今は、夜訪問すると、せっかくくつろいでいるのに何をしに来たと叱られるのがオチです。

それは、大家族から核家族への変化が大きいと思われます。また、井戸端会議も昔は多かったのですが、今では見かけなくなっています。

特に私どもの会社は、お客様の七割が女性ですので、家に上がるというのは難しい状況です。「必要なときにはお店に行きますから」とお客様が言われるので、お店に来てもらうしかありません。

では、お客様にお店に来ていただくためには、どうしなければならないかということになります。その当時の自動車のディーラーは、どこもそうでしたが、女性一人では入りにくい店舗であり、また対応でした。

行っても落ち着かない店舗。車の専門的な話をされてもわからない。ここが悪いと指摘されても、お客様はどう答えていいかわからない。等々の状況がありました。

ですから「行くんだったらお父さんと一緒」とか、「車をよくわかっている人と一緒に行く」とかで、「車は買いたいけれども、一人で行くのはいやだ」ということが、お店に来てもらえない原因になっていました。

ではどうすれば一人でも来ていただけるかと考えた結果、ショールームに車を置かないという大改革を行いました。

これは今でも珍しいことです。私どもの本社の周辺には多くのディーラーさんがありますが、店舗の中に車が入っていないところはありません。

車を売る立場で言えば、すぐにお客様に車を説明できるように、車が近くにあったほうがいいわけです。

でも私達は、お客様にお店に来ていただこうと考えているわけですから、女性が入り易い店舗づくりを第一に考えます。

それでショールームには車を置かないことにしたのですが、それができるのは根本的にお客様のとらえ方が違うからです。

普通は、新車を買う人がお客様という感じです。私達の会社では車を買ってもらったあとのお客様が、私たちのお客様ととらえています。

それは車を買ってもらうだけではなくて、買ってもらったあとにも来てもらうというコンセプトです。昔のように、売って終りではありません。

そうすると店舗に車はないほうがいい、ということになります。

ポスターも貼らないほうがいい、ということになります。

それよりは落ち着いた雰囲気で、雑誌がたくさん置いてあり、お子様の遊ぶスペースもあり、安心して説明も受けることができるなどのお店であれば、車を買ったあとも来てもらえるのではないかということです。

その方がまた、ひいきのお客様になっていただけると思っています。

お客様満足（CS）と社員満足（ES）が一緒に上がる

来店していただいたお客様には、アンケートをお願いしています。滋賀ダイハツは店舗が多いので、私ども幹部社員がずっと見ているわけにいきません。でも、それぞれの店舗が、どのような状況になっているかは知りたいわけです。

それをお客様に教えていただくというのがアンケートです。すなわち社長に代わってお客様に各店舗をチェックしてもらうのが、サービスアンケートです。

これは、会社にとって貴重な資料となっています。

アンケートの意味はそれだけではありません。

私どものサービスが、お客様にとって本当に満足してもらっているのかどうかを知ることができます。「良かった」「満足している」「嬉しかった」というような答えがあれば、社員もやって良かったと思うわけです。

アンケートは「評価していただくこと」と「お客様のお気持ちをフィードバックしてもらうこと」の二つの意味があるのです。

アンケートの答えは悪い点ばかりではありません。お客様から良い評価していただいていることもあります。その評価は、社員にとって非常に嬉しいことです。

「○○さんの説明、ものすごくわかりやすくて良かった」

「私は車のことはわからないけれども、ものすごく丁寧に説明をしていただいて、これで安心して乗れます。ありがとう」

と書いてあれば、担当した整備士のスタッフは、「ああ、良かった、ほめてもらった、嬉しい」というふうになります。整備スタッフもすごく満足度が上がります。

お客様が喜べば社員が嬉しいという、CSとESの相乗効果があるのがよくわかりました。この発見は「してさし上げる幸せ」に通ずるものであり、これが目ざす姿だと確信しました。

また、アンケートがその仕組みづくりになっていることも、目からうろこでした。

戦略の展開・環境整備点検で店舗全体の様子を知る

お客様をお迎えする大切な場所が店舗です。いかにして気持ちよくお客様をお迎えするかは、各店舗にとって重要です。同時に私にとっても重要な課題です。と言って毎日見て回る時間がとれません。

そこで、全ての店舗を毎月一回、巡回して見ています。特に整理、整頓、清潔、礼儀、規律、環境という項目が各店舗でできているかどうかをチェックします。それを環境整備点検として行っています。

環境整備をおこなうと、店舗スタッフの協力度合いがわかります。点数が低い店舗は何か問題が発生している可能性が高いことがわかります。

これは店舗全体として、お客様とどう接しているかの判断基準にもなります。いわゆる全体最適ではなく、部分最適になっていないかもチェックできるわけです。

全店舗の点検結果を一覧表で公表します。

最高点は一二〇点で、三ヵ月連続一二〇点、または一位を取れば、一人二〇〇〇円の食事券を渡します。食事券というのはお金を渡します。

食事券というのは、「それでみんなで食事に行きなさい」という使途を明確にするためです。それで「食事券」というふうに言っています。

ですから三ヵ月、満点を取ろうとみんな張り切ってやっています。

これはちょうど十年目に入っています。

(このチェックの仕組みを展開していくことが戦略の展開ということになってくるわけです。)

環　境　整　備　チェックシート

		内　容	基準点数	今回評価	点数
1	環境	敷地のまわり50Mにゴミがおちていない（自動販売機の清掃も含む）	5		
2	礼儀	巡視の際、挨拶が出来ている（全員一斉に立ち、声を出した）・名札が付いている	5		
3	整頓	サービス休憩室及び控室内が整理整頓されている(更衣室を含む)	5		
4	整頓	掲示物は水平で角（4箇所）がきちんと止められている	5		
5	規律	改善結果が表示されているか	5		
6	環境	環境整備作業計画書があり、実績が記入されているか	5		
7	環境	廃棄物が分別、整理されている（室内、焼却ごみ、ダンボール、バッテリー.廃タイヤ等	5		
8	清潔	床がきれいに磨かれている、テリトリー表が出来ている（前日との差がある）	5		
9	清潔	台所がきれい（コーヒーカップ等もきれい）	5		
10	清潔	看板等が清潔に整備されている（イン看板、ダイハツ看板、のぼり旗等）	5		
11	清潔	換気扇が清掃されている。ガラス、蛍光灯がきれいに磨かれている	5		
12	清潔	机の上が整理整頓されている。パソコン、コピー機、電話機がきれい	5		
13	清潔	掃除用具が整頓されている（数量が明記されている）＊5	5		
14	清潔	トイレがきれい（予備のロールがある・洗剤が確保され美化されている）＊4	5		
15	清潔	車がきれい、通勤者を含む＊3	5		
16	整頓	事務所は整理整頓されている（＊1）	5		
17	整頓	工場内は整理整頓されている（＊2）	5		
18	規律	ハガキが20枚ある	5		
19	礼儀	お客様を、お迎えする環境が出来ている（受付・商談テーブル・湯茶の用意）	5		
20	規律	実行計画をレビューできてるか	15		
21	整理	全体の印象　　Aは10点　Bは5点　　Cは0点	10		
合計			120		

整理・整頓・清潔・礼儀・規律・環境について取組をしましょう

（＊1）事務所・・・・机の配置、ロッカーの配置も含む。書類等が野積みになってないか？

机の中が整理されている（文房具等の向きが同じ・不要な物が処分されいる）

机の下に物を置いてないか？ロッカー内が整理されているか？

シュレッダーの破片等が散乱していないか？

（＊2）工場・・・・・・油庫、洗車場が整理整頓されきれいか？共用工具は整理されているか？

工場内にオイル等こぼれていないか？　部品庫は整理整頓されているか？

サービスマニュアルが整理整頓されている　サービスマンの服装髪の毛は？

（＊3）車とは通勤者　展示車、試乗車、サービスカー、積載車をいう
(注)店長の専用車を車内チェック（綺麗に掃除されているか？）
車輌は綺麗に磨かれているか？法定点検がなされているか？ステッカー等の表示は？

（＊4）カネオンの常備在庫と美化のチェック、蛇口の水垢チェック及び排水溝の中のチェック

※　評価として　×　のときは、悪い理由を告げて、必ず確認をする

環境整備点検チェックシート
計画を立て徹底して環境改善をはかることで、活力ある組織へと変革させる

情報環境整備なくして経営品質は語れない

それからもう一つ、部分最適にならない取り組みとして情報環境整備というのがあります。前にもふれましたが、ボトムアップの仕組みということになります。今では、トップダウンで指示を出していません。

「全て自分たちで考えてやりましょう」ということで、それぞれのお店で仕事の分担ごとにチーム（分社）を作り、その分社ごとに半年間の実行計画を作ります。

全部で五十分社あります。それぞれの分社が自分達だけの計画にならないように、体育館をまるごと借りて、五十個のテーブルとホワイトボードをおいて行います。

分社はそれぞれが経営責任をもっていますので、それぞれの分社で実行計画を決めるのですが、会社全体の中ではお互いが関連しあっています。

営業、サービスは関連がありますし、他の店の事例も計画を立てるのに役立ちます。同じフロアで経営計画を立てていますので、「ちょっと待て、ここの部門に関係していないか」とか、「隣にいる部門と、こっちの仲間と何か関連性がないのか」とかいうときには、すぐに見に行ったり聞きに行ったりすることができ、お互いに情報交換しながら決めていけます。

部分最適になりがちな分社制ではありますが、全体のことを考える全体最適にかなっているかどうか、それを必ず頭に入れて情報環境整備を行っています。

具体的には、まず反省をやります。そして三年後のビジョンを決めて、それに沿って半年後の目標を立てます。

次にどういうふうにして具体的に実行していくかという行動を決めます。実行したときと、実行しなかったらどうなるかも皆で話し合いをします。

誰がいつやるのかということを、月ごとに決めていきます。

評価尺度も決めます。

出来上がった実行計画にもとづいて、毎月活動していきます。

評価は、評価尺度に基づいて自分たちでやります。

（上下） 情報環境整備で仕上げた実行計画

毎月、役員が進捗状況をレビューします。

そして半年後、反省して、また次のステップに進む。つまり改善をするわけです。すなわちＰＤＣＡ（プラン・ドゥ・チェック・アクション）を自分たちで回す仕組みを作っています。

この実行計画の策定のプログラム、これを情報環境整備と呼んでいます。

これらは、経営品質を勉強していなければ、こういう仕組みが必要だということがまずわからないし、わかったとしてもどうやったらいいのかわからないと思います。

経営品質でこれが大事だということがわかると、うまくできている組織のベンチマークをして、こういうことを展開していこうというふうになっていくわけです。そこが経営品質の重要な点であり、これをなくして経営品質を語ることはできません。

名物・経営方針勉強会後の居酒屋回り

ＥＳ（社員満足度）とＣＳ（お客様満足度）、これは両輪です。どっちが大事ということはありません。両方とも大事です。

ですからお客様と向かいながら、社員が満足して、社員自らが生き甲斐をもって働いているかということが非常に大事になってきます。

そこで私は、社員とできるだけフランクに話しやすい雰囲気を作るようにしています。

社員の話を聞いていると、私との距離は結構近いと感じているようです。普段からコミュニケーションを取るようにしていることが、よいのかもしれません。

パートとか派遣社員も入れますと四四五人です。

やはり顔を合わせるのが一番大事ですので、各拠点を巡回しています。

その時にできるだけみんなに声をかけたりしながら、いろんなことを聞いたりするようにしています。

それから、年二回全社員が集まる会議をやっています。

一つは、四月に行う上期政策勉強会です。

もう一つは、十月に行う下期政策勉強会です。

パート社員も出席してもらいます。

毎期四月一日には、新しい経営計画書ができているので、それを上期政策勉強会の時に渡して説明します。

説明の前に優秀社員を表彰します。それら全ての行事が終ってから、今度は各店ごとに思い思いの居酒屋で懇親会が始まります。


六時ごろからみんな飲みに行くのですが、どこの店にどこのチームがいるかが全部わかる用紙を一枚もらっていますので、それを見ながら順番に居酒屋を回ります。

経営方針発表会では、結構厳しいことも言っていますので、頭の一つでも叩かれるのではないかというような思いになっているわけですが、行けばみんなすごく喜んでくれます。

「社長が来たので、もう一回乾杯」と盛りあがります。私もそれに合わせてビールの一気飲みをするというような感じでやっています。

下期政策勉強会で全社員の質問に答える

二大イベントのもう一つが、下期の十月に行っている下期政策勉強会です。永年勤続社員の表彰や、社員満足度に関するアンケートに対し私が答えることがメインの内容です。

アンケートは、直接私には言い難いのではないかと思うので、七月に第三者機関に調査をお願いしています。誰が書いた内容であるかはわかりません。

だから社員は、本音が書けますので出しやすいと思います。

それを私ももらって前もって読むわけですが、「ひどいことを書くよなあ」というものもあります。二、三日落ち込むような内容も結構多いので、ショック受けています。

でも、それはそれでいいと思っています。

それに対して「これはできる」「これはできない」「これはいつまでにやる」というふうに返答します。

みんなの目線がぐーっと私にきていますから、一対四四五の戦いのような感じです。どう社長が答えるのか、社員はそれぞれの思いを持ちながら聞いていますので緊張します。相当に厳しいです。

こちらが悪いときには、その場合は「申し訳ない」と謝ります。できないものは「今はできない」とか、内容によっては「本当にこのことを言われたら当社では実現できないから、これはよその会社へ行ってやってくれ」と回答するときもあります。

なかなか勇気のいることですが、いい加減に済ませるよりもいいと思っています。

大事なのは、社長が自分の質問にちゃんと向き合ってくれているかどうかだと思うのです。

全員参加が基本の社員旅行

たとえば、滋賀ダイハツでは、年に一度社員旅行をしています。それも、社員全員がゆかたを着て大宴会をするのです。

店舗がバラバラで、日ごろ顔をあわせる機会が少ない社員がいるので、皆が同じ思い出を共有できる機会をつくるためです。ですから、社員旅行は全員参加が基本です。どうしても、出席できない人には理由書を書いてもらっています。

社員旅行が終わると社員からアンケートを取ります。九二％の社員が満足という結果でした。満足度要因の第一位は、「大宴会」や「日ごろ話せなかった人とコミュニケーションが取れた」などで、目的にそった内容でした。

不満足要因でも、「食事」のことや「近場すぎた」などなら、今後に生かせる内容です。ところが、社員満足度調査には「全員参加はおかしい」「参加していないからお金を返してほしい」「ゆかたは強制しないでほしい」などが書かれていました。

何のために社員旅行をおこなっているのか意味を、伝えきれていないので、このような意見がでるのです。

滋賀ダイハツでは、私が社長になってからずっと、採用面接の最後に、「社員旅行のとき、全員でゆかたを着て大宴会をするのですが、参加できますか？」という質問をしています。もちろん、皆さん「ハイ！」と言っていただける人だけ採用しているのです。

私が社長になって二十一年ですから、社員のほとんどはこの面接で採用されているのです。

そこで、社員旅行アンケートの結果や、本来の目的である「全体最適」への取り組みの一環など、丁寧に説明していきます。

普通、社長に何かを言っても、返事がこないということが多いと思います。あんまりひどいことが書かれていると、「ひどいこと書くな」「社長大変ですね」というような感想が社員の中からも出てきます。

これも私にとって、有難いことです。

その後は、社員も私も居酒屋に行って緊張をクールダウンします。

ベンチマークは確認の「はい」から実践の「はい」へ

ベンチマークとは、いい事例があるところ、成功している事例を見に行き、自分達の会社で真似できるところは真似て実行しようというものです。

よくある話が、ベンチマーク(視察)に行って「すごいいい会社でした。よかったです。ものすごく勉強になりました」と言った報告です。これはダメです。

それだったら、行かないほうがましです。

そうではなくて——相手先のレベルが高いのははっきりわかっているわけですから——その中で自分たちができること、真似できることを一つか二つ見つけて、それを自分でやってみることです。

私達の会社もそれができていませんでした。今では、社員はそれを理解し、実行してくれています。

ベンチマークを生かせない問題は、社員だけの責任ではありません。ちゃんとやっているかをチェックすると言いながら、何もせずに言いっぱなしだった私に責任があります。

こちらは言いっぱなし。これではうまくいくはずがありません。

当然のことですが、どんなに良いことでも実行しなければ結果は出てきません。

ですから実行することを前提に「よし、それはいいことだ。やりましょう」と言うと、社員からはちゃんと「はい」という返事があります。それなのに時間が経っても何も実行されない。

なぜだと考えてみると、その時の「はい」は、その言葉が私の耳に届きましたという確認の「はい」だったのです。

言葉が届いたのと、実際にやるというのは別だということがわかりました。だから実際にそれをやったかどうかを、チェックする必要があるのです。その場合、あんまりレベルの高いことをやると言っても、「難しいのでできませんでした」ということになり兼ねませんから、本当にできることだけをやろうというふうに決めています。

大事なのは、
・やれることを一つでいいから「やる」と決める

・高いレベルのものでなく、一番やさしくできることをやる
・それを、やっているかチェックする

ということです。こちらも社員も、お互いに一方通行ではなく、双方通行になって初めて「はい」が本物の「はい」になります。

これはお客様や同僚に対しても同じです。「これ、できる?」と言われて「はい」と返事をした場合、それを実行して初めて本物の「はい」になります。

それによってお客様から喜んでもらえたり、同僚から誉められたりもします。実行したことで、初めて「ああー、やってよかった」という喜びが生まれます。

その喜びが、次の仕事に生かされ、もっとお客様の意見を聞いてみようということになります。それがうまくいくようになると、上昇スパイラルに乗り、お客様の満足と社員の満足が共に昇華していくのだと思っています。

ですから、真似て実践するということは、実践した本人はもちろんですが、周りの人たちをも良い方向に導いてくれます。

真似は私達を向上させてくれる素晴らしい方法なのです。社員には「真似は恥ずかしいことではない。真似はどんどんやりましょう」と奨励しています。最初は、真似することに抵抗感があった社員も、今では真似をすることがうまくなってきました。

真似というのは、実行してこそ本物になるのです。

社長のスケジュールは全部オープン

社員も頑張っていますが、私も結構ハードワークでやっています。私の明日の予定は、ボイスメールで「全社一斉」で流しています。それは、総務の女性二名が担当し、毎日夕方に流してくれます。と言うか、私の予定の半分は総務が決めているのです。その予定に従って私が動きます。

私もそれを聞くことにより明日の予定がどうなっているのかを再確認することができ、予定を忘れることなくこなすことができます。

ですから総務からそれを聞いて、そのとおりに動きます。行先の店舗で、「これからの予定はどうやった」と社員に聞くと、「次はどこどこです」と教えてくれます。「ああ、そうやった」と言って私は次の場所に行くことができます。

そのように、私のスケジュールは全部オープンになっています。

これは、社長の仕事というのはこういうことをやっているということを、みんなに教えているような面もあります。私もいつまでも元気でやれるかわかりませんし、もしかしたら明日倒れるかもしれません。そうなった場合、社長はどんな仕事をしていたのかがベールに包まれていては、後に続く者が困ります。ですから私の仕事とスケジュールは、全部オープンになっています。

幹部社員も私の予定を全部聞いていますので、「社長は今、どこに行っている？」というような無駄な問い合わせが、私や総務にくることがなくなりました。逆に「今、社長はどこどこを車で走っています」というように、すぐに答えることができます。

ボイスメールの活用　情報の開示

また、ボイスメールはそれ以外にも、日々の実績や競合他社情報、お客様の声を分社長がボイスメールを活用し、迅速に伝えることができます。すぐに対応しなければいけない対策や情報を短時間で知らせることができるようになりました。

それでも組織は部分最適におちいる

この章でお話したことは、全て部分最適にならないための取り組みです。組織は、機能的になっているものなので、効率を重視し、数字を追いかけると、目的を見失い、ほおっておくと部分最適のほうに引っ張られるのです。

人のコミュニケーションが不足すると、組織はすぐに悪いスパイラルに陥り、これも部分最適になっていくのです。
そうならないために、価値観を共有し、コミュニケーションを深め、組織の風とおしを良くしていきます。いわゆる、組織にたて串、よこ串を刺す活動です。

会社というものは当然利益を追いかけます。そのために、効率化をもとめ管理体制を強くしていきます。管理型経営です。それに対し、私たちの経営は、ミッションや理念などの価値観が中心となる、価値観経営を目指しているのです。

組織は人で成り立っているものですから、因果関係では説明がつかないことばかり起こってしまいます。人の相互関係でものごとが起こっているからです。たとえば、モチベーションの高い集団と、そうでない集団ならば、同じプロセスの仕事をしても成果が変わります。整理整頓された職場とそうでない職場なら、社員の規律にも影響します。

管理型経営は、数字だけを見て戦略を考えるので、目的は売上げ利益になりがちになります。売上げ利益は、目的ではなく結果なのです。目的は、もっと手前にある、会社の理念から導きだされた「こうしたいね」というものなのです。

第五章　新たな五年後を目指して

少子高齢化の中で考える滋賀ダイハツの使命

最近、お客様と接しながら、マーケットは小さくなっていることを実感しています。世界全体では人口増ですが、日本は生まれる子供の数が減少し人口が減っています。それに加えて高齢化社会になっています。私どものお客様にも高齢の方がおられ、「これが、もう最後の車なんです」とおっしゃる方もおられます。

また新卒の数も減ってきており、車がどうしても必要だとか、車がないと不便だという方自体が減ってきている。そういう時代を迎えているわけです。

滋賀県は、他県にくらべて人口減少の速度が遅く、大変恵まれたところなのですが、そこでも少子高齢化の波を感じるのですから、マーケットの縮小は想像以上に早くやってきます。

お客様インサイトへの挑戦

第六十二期のスローガンが「お客様インサイトへの挑戦」です。お客様インサイトとは、お客様を観察し、会話をして、お客様の次なるご要望を直感的に感じとり、仮説を立ててその要望に応えるべく即行動に移し、お客様に感動を与えることです。

分かり易く言えば、お客様に喜んでいただける価値を提供するということです。

これをきちんと実行するためには、まず第一に全社員が常にお客様のほうを向いていなければいけません。向いているだけではダメです。お客様が何を望んでいらっしゃるのか、それに気づかなければなりません。そしてその気づきから仮説を立てて、そのレベルを向上させることです。

通常、インサイトは、感じる力とか、見抜く力という意味ですが、滋賀ダイハツはそこからもう一歩進んで、その感じたことから仮説を立てて、行動に表して、お客様に喜んでいただくということを目指しています。

そこまでやらないと、本当の意味でのお客様インサイトにはならないと思うからです。

なぜ改めてインサイトを強調するかと言えば、時代の変化、環境の変化は、わが社の都合を待ってくれないからです。時代の変化に対応できない企業は、衰退するしかないからです。

そういう状況の中で、五年後の滋賀ダイハツは何を目指していくのでしょうか。

時代の変化にどう対処するか。

一つに、時代の流れに合わせて小さな会社にしていけばいいという考え方があります。これは常識的な考えだと思います。当然、滋賀ダイハツも、その道を選択する方法もあります。

しかし私は、その考え方には与《くみ》しません。

なぜなら経営理念にもあるように、お客様をはじめ地域社会に愛され信頼され必要とされる企業を目指しているからです。

「そういう時代だからこそ、滋賀ダイハツが必要と言っていただけるお客様を増やしていく」と決めました。

つまり今まで私たちのお客様でなかったお客様も、私たちのお客様になってもらうということです。マーケットが小さくなっていく状況の中でも、お客様を増やし続けていくということです。

私たちが今まで培ってきたお客様に対するいろんな取り組みに加えて、よりお客様のことを考えて対応することで、必ずお客様に受け入れられるという確信があるからです。

それが「お客様インサイトへの挑戦」ということです。

仕事と作業は違う　期待以上の仕事をする

お客様を増やし続けていけるかどうかは、お客様に接する社員の姿勢が鍵を握っていると言えます。そういう意味では、平成二十五（二〇一三）年度、日本経営品質賞を受賞できたのは、お客様に安全、安心、また快適という価値を誰よりも早く、確実に届けているという全社員の努力が認められたということで有難く思っています。

しかし、これは最高レベルで賞をもらったわけではありません。千点満点中、六百点以上取れましたが、上には上があります。

さらにその上を私たちは目指さなければ、わが社の経営品質は後退すると思っています。

そうならないためにも、お客様に喜んでいただける努力をし続けなければなりません。

では本当に私達はお客様に喜んでいただいているのか。

そのことを、もう一度考えてみました。


確かに私どもの対応によって満足いただているお客様もおられると思いますが、実際は「お客様が私たちのサービスレベルに我慢した結果」だとも言えるわけです。

どういうことかと言うと「もうほかにないから滋賀ダイハツさんにお願いする」というお客様もいらっしゃるはずです。そういうお客様の我慢の上に、私たちが今成り立っているということをしっかりと認識しておかないといけないと思ったわけです。

そういう視点に立って、さらにお客様に対する価値提供のレベルアップを図り、「さすが滋賀ダイハツだ」「他と比べても対応は全く違う」と、今まで我慢してもらっているお客様からも、そして多くのお客様からも言ってもらえるような会社にしていくことが、私たちのこれからのあるべき姿であると考えます。


そこで仕事の捉え方について、考えを述べておきます。

仕事の判定はお客様がしてくれます。自分がどんなにいい仕事をしたと思っても、お客様に評価してもらえなければ本当にいい仕事をしたということにはなりません。お客様の満足が伴って、初めて私たちは「仕事をした」というふうになるのです。

単に、時間から時間、整備をした。時間から時間、接客をしたというのは、私は仕事をしたとは捉えません。それは仕事をしたというのではなく、単に作業をしたと私は捉えます。

お客様から「よかった」「ああ、ここに来てよかった」「ああ、本当に期待どおりだった」、また「期待以上だった」そして「また来たい」「私の家族に紹介する」「お友だちを紹介します」というふうに言ってもらえて、はじめて仕事をしたということになります。

仕事をした本当の報酬は次も依頼してもらえることです。

仕事の報酬は仕事なのです。

もしお客様の満足が伴ってなかったら、仮にお金をいただいたとしてもそれは仕事をしたとは絶対に言わない。

それはただ単に作業をしたというだけです。

作業をしてお金をもらっただけです。

そんなレベルの会社に、私はしたくありません。

仕事をしたと真に言える社員が育つことで、五年後の目標は実現できると思っています。

鉄砲は売らない弾を売る──保有ビジネス

（株）武蔵野の小山社長がよく言われていることです。

これは同じお客様に繰り返しご利用いただくということです。たとえば、車を買ってもらった場合、それで終わりにしないということです。繰り返しサービス工場をご利用いただく。繰り返し部品を買っていただく。繰り返し保険に加入していただくという関係を作ることです。

私たちのお店で、車に関することは全ておつきあいしてもらう、さらに家族中みんなが滋賀ダイハツとおつき合いしていただく、そういう状態のことを言います。まさに生涯のお客様になっていただけることなのです。

昔の鉄砲売りは──火縄銃の時代のことですが──鉄砲売りと弾売りがいました。鉄砲は鉄砲が普及していない時はどんどん売れて、鉄砲売りは「よかった、よかった」と言って喜びました。ところが最後は、弾を売っている人が「よかった、よかった」と喜びます。

なぜかというと鉄砲は一回売ってしまうと、ずっと使えるために鉄砲は売れなくなる。ところが弾は消耗しますから、使えば使うほど無くなります。それで補給のために弾をどんどん買わないといけないわけです。

そういう弾のほうを私たちは一生懸命売っていきましょう、ということです。

これは、保有ビジネスです。保有のお客様をしっかり守って、そのお客様からどんどん私たちのお店を利用していただけるようになっていただこうというもので、これを「弾を売る」というふうに表現したわけです。

そのためには、繰り返しになりますが、お客様と接する全スタッフがお客様の方に向き、喜んでいただける仕事をするということです。

お客様のライフスタイルの変化を捉え価値を提供する

当社のお客様の多くは女性です。昔は三世代同居もありましたが、今の家庭はたいてい核家族です。ところが、車を買われる時は、ご主人、お子様が一緒に来られることが多いのです。時には、お爺ちゃん、おばあちゃんも来られます。そこで、お客様を「女性とそのファミリー」と考えてサービスを展開してきました。

そういったお客様に、来店していただいた時に、居心地の良いサービスを提供すれば、他社ではなく、当社のサービスを受けていただけると考えて、商品や店舗の接客やサービスを改善してきました。

ところが、お客様のなかで「あまり乗っていないので触るところもないでしょ、今回の車検は他社で」と言われる方がいらっしゃいます。

「繰り返しご利用いただける生涯のお客様を獲得する」

こんな思いで取り組んでいる私たちにとって、なんで解っていただけないのか、と考えこんでしまいます。

格安車検を望まれるお客様は、私たちのお客様ではないとわりきればいいのですが、そういったお客様のことも考えてみることが必要です。

そこで、もう一度、車をとりまく女性のお客様の変化に注目しました。私たちのお客様の多くが働く女性であり、少子高齢化にともなって中高年化しています。そこから、生活スタイルが変化し「時間の節約」と「コスト意識の高まり」という意識も変わってきているのではないか？　と仮説を立てました。

そこで、第三章で紹介いたしました「カフェde車検」と「セレクトde車検」を商品化したわけです。

「カフェde車検」も「セレクトde車検」も、繰り返しご利用いただけるために考えてかたちにした商品です。「お客様インサイトへの挑戦」でお客様の喜ばれることを考えよう、と言い続けた結果生まれた商品なのです。

このように、仮説を立てる習慣が大切だと考えています。店舗で、現場のスタッフが、お客様の声から仮説を立てて改善していく滋賀ダイハツを想像すると、ワクワクしてきます。

やらされるのではなく、生き甲斐をもって自らがやる。そんな社員の成長を見るのが何より私の喜びであり願うところです。

利益は何のために出すか　そして何に使うか

社長としての一番の責任は「会社をつぶさない」ということです。

何があっても会社をつぶさない。これは私の責任です。

これは滋賀ダイハツにかかわる人とその家族を守るということでもあるし、お客様や関係者にご迷惑をかけない、さらに言えば社会に貢献するという社会的責任でもあります。ですから決して会社をつぶさない。ずっと経営を続けるということは私の使命・ミッションです。

そのために利益を出していきます。

利益は出さないと経営を継続できないからです。

しかし利益を出すことが会社の目的ではありません。会社をつぶさないために利益を出していくということです。

お客様にずっと利用していただくためにも、会社は続けていく必要があります。

そのためには、利益が必要なのです。

だから利益は、会社を続けるための手段なのです。

そのことは、私どもの経営理念にきちんと書いてあります。利益を出して一番儲ける会社になるというようなことは書いていません。

私たちはお客様に安全と安心をずっと提供していきます。

お客様から本当に喜んでいただける会社になります。

と書いています。

重要なのは、利益をどのように使うかです。

会社をつぶさず、永く続けるために、私たちはお客様数の増加のために利益を使います。

社員教育に使う

まず社員教育のために利益を使います。

ですから、社員教育を徹底してやります。勉強会や研修会には、社員に成長してもらいたいのでどんどん行ってもらいます。

そして、お客様に喜んでもらえる社員になってもらいたい。

そして、次の世代を育ててもらいたい。

そして、願わくば、与えられた勉強だけではなく、自ら勉強して成長してほしいと願っています。

教育は、教えることはできても、育てることは難しいと言われています。現に私も、そう感じています。

でも私は育てたい。ですから社員教育の目的は、育てることに重きを置いています。お金もかかりますが、育てることにどんどん使います。

インフラ投資に使う

インフラ投資にも力を入れます。インフラというのは新しい店舗を出すとか、新しい店舗に建て替えをするとか、店舗を広げるとかそういったことです。これもお客様から喜んでもらうために、そしてお客様が増えてきた時の準備のためにということです。ライバルとの競争もありますから、これも手は抜けません。最近では、ＩＴ化もインフラ投資と考えています。

滋賀ダイハツブランドアップに使う

滋賀ダイハツのブランドが上がることのために利益を使っていきます。

「滋賀ダイハツ」をブランドにしていきます。ブランドになるということは、車がいいから選ばれるということもありますが、滋賀ダイハツがいいから選んでもらえるという会社になっていくということです。そのためのブランド向上のために、お金は使っていきます。

新規事業構築のために使う

新規事業にも力を入れます。

これは、お客様のニーズに応えていくということです。

今のままで、ずっとお客様のご要望にお応えできるかというとそうではありません。お客様からは、「もっとこうしてほしい」、「ああしてほしい」、「よそはこうやっている」、「滋賀ダイハツさんはまだできていませんね」ということを言われます。

それで「いや、私のところはそんなのやらないんです」「できないんです」と言ってはねつけていたら、どんどんお客様はライバルのほうに逃げて行きます。

ですから、お客様にお役に立つ新しい事業、商品、サービスをどんどん構築していきます。

滋賀ダイハツブランドを作る

関西経営品質賞のフィードバックで「車が良くて売れているのか、滋賀ダイハツが良くて売れているのかわからない」と言われたことから、火がついて日本経営品質賞受賞にまい進しました。

では、メーカーが作るダイハツブランドではなく、「滋賀ダイハツブランド」はどうすれば作ることができるのでしょうか。

カーディーラーは、メーカーからテリトリーをいただき、大量に広告宣伝をしてもらい、お客様のニーズを把握し間断なく商品を提供してもらっています。

一方で、台数至上主義というドミナントロジックがどうしても抜けきれず、台数確保に血道を上げています。メーカーの言うとおりにしていれば、赤字にはならない。そんな経営が多いのではないのでしょうか。

マーケティングや商品づくりはメーカーがするもの。ディーラーは与えられたテリトリーのシェアを守り、アフターサービスをすれば良い。ということだけでは、気がつけば時代に取り残され、ゆで蛙になってしまうのです。

メーカーのブランド力だけではなく、滋賀ダイハツとしてのブランド力を発揮するためには、このようなディーラー業界常識にとらわれないで、お客様に価値を提供できるようにする必要があります。

そのために、お客様から「ダイハツ」からではなく「滋賀ダイハツ」から買いたいと言っていただけるようにする。

トヨタや日産、ホンダといえば、日本有数の自動車メーカーとして頭に浮かんできます。これがブランド力です。ダイハツが軽自動車市場でナンバーワンにこだわるのもブランドイメージを大切にしているからです。

ところが、カーディーラーはどうでしょう、滋賀ダイハツ販売株式会社といっても、ダイハツ車を販売する地域ディーラーとしてしか想起しません。ディーラーとメーカーを同じ会社と思っているお客様も多いのが現実です。

そこで、滋賀ダイハツとしてのブランド力を高め、「滋賀ダイハツから買いたい」と、言ってもらえるお客様を増やそうとしました。その視点を今は変えています。

ブランド力は①知名度　②記憶想起率　③試用率　④使用率　⑤愛用固定率　⑥ブランド連想　⑦識別性　⑧優秀性（個性・ユニーク）からなっていると言われています。

既存のお客様が、居心地が良いので当社を繰り返し利用したいという愛用固定率を上げることはできるのですが、新規のお客様に知名度や記憶想起率を上げるには、独自のマス広告をうつ必要があります。

私たちは、テリトリーが滋賀県と決まっているので「滋賀を盛り上げる」というコンセプトでブランド力の向上をはかっています。

プロバスケットチーム「滋賀レイクスターズ」

あるとき、現在、滋賀レイクスターズ代表の坂井信介さんが訪ねてこられました。bjリーグプロバスケットチームを滋賀県に作ろうと、スポンサー探しに来られたのです。滋賀県にはプロスポーツチームがありません。

そのときは形も何もありません。坂井さんの熱い思いがあるだけでした。そこで、資本参加とスポンサーになることを決めました。

翌年、チームが立ち上がり、県内の主な企業もスポンサーとして参加してくれるようになりました。当初は二番手のスポンサーだったのですが、現在はメインオフィシャルスポンサーになっています。

今までプロバスケットチームが二リーグ存在していたのですが、来年から新しく一リーグ制のBリーグになるのにともない一部チームとしてスタートすることができました。現在では、小学校でのバスケットボールの授業やオリンピック選手を支援する

TURKISH AIRLINES bj-league
滋賀ダイハツ
PRESENTS
守山2週連続開催！
RuSC Presents Sweets Summit 2016
3/19・20 開催
ONE FOR LAKES☆ ALL FOR SHIGA☆
vs. ライジング福岡
守山市民体育館
vs. バンビシャス奈良
3.12 Sat TIP OFF 18:00 開場 15:30 選手入場 17:00
3.13 Sun TIP OFF 14:00 開場 11:30 選手入場 13:00
3.19 Sat TIP OFF 18:00 開場 15:30 選手入場 17:00
3.20 Sun TIP OFF 14:00 開場 11:30 選手入場 13:00
守山開催 特別協賛
RuSC
SoftBank (株)三陽
湖南石油 藤本ダンボール 田中水道
寺田商事 いろは花店 守山市石油協同組合
朝日新聞サービスアンカー守山西
特別協力 守山商工会議所青年部
[主催]ターキッシュエアラインズbjリーグ／滋賀レイクスターズ [共催](公財)守山市文化体育振興事業団 [後援]守山市 守山市教育委員会 守山商工会議所 (公社)守山青年会議所
B.LEAGUE 2016 秋開幕
レイクスオンラインチケット
0120-976-509
LAWSON
ALPLAZA HEIWADO
滋賀ダイハツ
成基学園
ゴールフリー
平和堂
滋賀銀行
山崎砂利商店
ヤマゼン
パールライス滋賀
JA共済
高栄ホーム
OPTEX
想伸建設
サン・セブン
RuSC
EINS
DUSKIN
SoftBank
KIRIN
NAS
ZEST

活動など滋賀のスポーツ振興に貢献しています。

当社の冠ゲームが年、数回あるのですが、ゲームの前にティップオフセレモニーがあります。

野球でいう始球式のようなものです。

私がフリースローをするのですが、選手でも失敗するのに、そのときは神がかったように何故かよく入るのです。

フリースローが入ったらゲームに勝つなんて、ジンクスができているくらいです。

滋賀レイクスターズ、イコール滋賀ダイハツというイメージが出来つつあり、ブランド力向上にもつながっています。

滋賀レイクスターズの選手とともに

クラブ活動から生まれた「フライングスニーカー」

滋賀ダイハツには、現在十六のクラブ活動があります。

店舗が分かれていて、日ごろ顔を合わせることがない社員がたくさんいるので、クラブ活動で顔をあわせ親睦をはかることは、大切な機会です。

そのクラブ活動に、軽音楽部があってそのなかに「フライングスニーカー」というグループがあります。

ツインボーカル、ベース、ギター、キーボード、そしてドラムは私が叩いています。もともと、知り合いの会社の夏祭りや、会社の社員旅行、就職セミナーのサプライズとして発表会の場所に提供してもらって演奏を楽しんでいました。

滋賀ダイハツが創立六十周年の企画で地元のＦＭ局とタイアップしてさまざまな番組を企画した関係から、その翌年に、滋賀ダイハツが毎週土曜日に一時間番組を持つことになりました。ツインボーカルの山本孝一君と二宮崇君は結構イケメンで声も良いので、パーソナリティとして出演することになったのです。

毎週土曜日、アナウンサーとからんで二人の軽妙なトークが、ラジオから流れてくるようになりました。

番組の途中で「フライングスニーカー」の曲を流してみると、リスナーの方から「どこで売っているの?」というれしい声をいただくようになりました。

それが結構話題となり、なんと今年三月にポニーキャニオンからメジャーデビューすることになったのです。

このような活動は、人手も必要です

音楽ミキサーを前にした後藤敬一社長

し、それなりにお金もかかります。ブランドイメージが向上したかどうかはすぐにはかれません。

長い時間をかけて初めて認知されるものです。しかし、目標を持って意図して作っていかなければブランド力がつくことは決してありません。

「滋賀掃除に学ぶ会」などの社会貢献活動は、県内の青少年育成に役立っている活動として、県や学校からも喜ばれる存在になってきました。

滋賀レイクスターズのメインオフィシャルスポンサーを続けることで、地元から「滋賀を盛り上げる会社」という認知が徐々に広がっています。

「フライングスニーカー」の活動は、まだまだ未知数なところがありますが、この活動によって滋賀ダイハツのブランドイメージを向上させたいと思っています。

ダイハツの一販売会社から、あの滋賀ダイハツだから、ここで買いたいと言ってもらえる会社、周りの人から「すばらしい会社にお勤めですね」と言われ、滋賀ダイハツに入って良かった、と社員が誇れる会社を目指していきます。

経営品質の考え方、ノウハウを全国に拡げる

ＣＳが全国ワースト五の滋賀ダイハツが、世間から注目を集めるほど、ＣＳの良い会社になったのは、経営品質の考え方に出合ったおかげです。

経営品質に出合い、価値観経営を目指し、ずっと企業文化を高めることに注力してきました。コンプライアンスもそこそこで野武士集団といわれた会社が、全国から見学会に来ていただけるようになったのです。

これは日本経営品質賞を受賞した企業の役割でもありますが、滋賀ダイハツとして日本経営品質のノウハウを全国に広げていくということです。

まずは滋賀県の中で広げていこうと思い、㈱リコー様と強力して滋賀経営品質研究

会という会も運営させていただいています。いろんな企業の方に来てもらって勉強をしてもらっています。

全国の各都道府県には、経営品質協議会があり、講師として呼ばれています。滋賀ダイハツの体験が、聞いてくれた企業さんに少しでお役に立てればという思いでやっています。

後継者実践塾の開校

会社をつぶさないことが、私の使命です。ところが、社長に成り立ての私には、先代の社長である父親を乗り越えよう、年長の古参の役員に「さすがと一目置かれるように、大きなことをやりとげたい」と思い、空回りする毎日でした。

私の場合、偶然に鍵山先生と出会い、掃除に学ぶことができたおかげ様で、会社をつぶすことなく、バトンを受けることができました。二世、三世の社長が会社をつぶすというのは、やみ雲にわからず、そのまま、突き進んでいった結果だと思います。

そこで、私が鍵山先生に出会ったように、何かできることがないかと考え、福ふくゼミナールを主催する木谷昭郎さん、能登清文さん、大畠美香さんが運営する「後継者実践塾」を三年前から開校しています。

県内の企業の二世、三世の経営者や若手創業者、幹部の方を対象として立ち上げ、滋賀ダイハツの企業文化のつくり方のノウハウを提供しています。

意欲のある販売店の後継者にも参加いただいています。

滋賀ダイハツがやっていることを実際に経験していただき、自社で企業文化、社風をどうすれば、作り上げることができるのかを学んでいただいています。

海外に我々のノウハウを提供していく

ドイツの経済学者であるハーマン・サイモン先生は、『グローバルビジネスの隠れたチャンピオン企業』(中央経済社)の中で、日本とドイツの違いはグローバル化にあると言われています。

ドイツも日本も中小企業の多くが世界に誇れる高い技術やサービスを持っている。しかし、ドイツでは、その技術を、世界に発信することで、世界に貢献し、自社も成長しているというのです。

ヨーロッパは国境を、自由に行き来できる地理的なこともあるからでしょうが、ある分野に特化したナンバーワン企業がグローバル化すれば、それを欲しい人は多くいるため成長できます。

そして、それを「隠れたチャンピオン企業」と呼んでいます。

ところが、日本は、同じように多くの技術やサービスのノウハウがあるにもかかわらず、島国で、自国にとらわれ、世界に貢献できていない。もっと、外国に自社のノウハウを生かして展開するべきだと言われています。

幸いなことに、ダイハツはインドネアシアとマレーシアで生産工場を持ち、事業展開をしています。

滋賀ダイハツのＣＳが、インドネシアで役に立つことができないのか？　以前当社の担当員をしていただいていた、ダイハツ工業の大滝一郎さんがインドネシアのアストラダイハツへ出向されました。

インドネシアは人口が二億四千万人、日本のちょうど倍です。

モータリゼーションが今まさに起こっており、日本の二十年前と同じように、新規需要メインの市場です。

ダイハツは同じ車をトヨタにも供給しており、市場占有率はダイハツとトヨタをあわせて五十パーセントを超えていますが、最近では、他社が追い上げています。ＣＳにおいては、当社の二十年前のような状況です。

最初は、激励のためにインドネシアに訪問したのですが、ダイハツにとって重要な海外市場のインドネシアで私達のノウハウが役に立つことができないのかという思いがつのってきました。

何度も、訪問する中、当社のＣＳを学びたいという、アストラ側からの申し入れがあり、インドネシアから優秀な社員を受け入れる取り組みが始まりました。現在、インドラさんとアジスさんが滋賀ダイハツで働いてくれています。

整備スタッフについても一ヵ月の研修を立ち上げることになり、当社のノウハウを学んでいただく事業が立ち上がりました。

TMAP

東南アジアのトヨタを統括しているのが、トヨタ・モーター・アジア・パシフィック（TMAP）です。

トヨタカローラ徳島様のご縁で、東南アジアでトヨタの販売店を経営されている五十名の経営者の方々に見学に来ていただきました。

東南アジアのトヨタ販売店が日本のCSを学ぶため、ベンチマークの対象として当社を選んでいただいたのです。事前訪問で、トイレ掃除から学ぶ当社の「社風づくり」に関心を持たれた佐々木愼吾社長は、その後二度トイレ掃除に参加されました。行動の早さは、さすがトヨタです。

その後、シンガポールで講演させていただいたり、「カラカラＤＡＹ」という環境整備の日にゲストで参加させていただき、当社の「トイレ掃除」が海外にも広がりました。

滋賀ダイハツのお客様お役立ちノウハウを、日本だけではなく海外へも提供して、その国の人々の幸せのために、お役立ちをしていくということを長期の事業の中に入れました。

インドラさんとアジスさんは私たちの会社のもとで一生懸命勉強して、そしてそのまま滋賀ダイハツに残るわけではなく母国に帰ります。

私たちのノウハウを、今度はインドネシアのダイハツで、お客様にサービスを提供していくわけです。そういう指導役をやっていただける方なのです。

私たちは今、ほんのわずかなことかもしれませんが、世界に広がることをやれるようになってきました。私たちが今できることを、他の地域とか他の国の人々にもお役に立つのであれば、それをやっていきたい。そういうところにも私たちの役割を果たしていきたいと思っております。

五年で倍増、第六十二期　五ヵ年計画

第六十二期経営方針発表会において発表した五カ年計画の大きな柱は、六十七期の経常利益を六十二期の倍に設定したということです。単純に計算すると、毎年、六十二期の十五％の伸びがないと達成できないという数字です。

普通の企業経営からいけば、大体二～三％ぐらいずつ伸びたらいいという考えが多いと思います。十五％となれば、その五倍ですから、相当に高い目標であることがわかります。

なぜ、このような高い目標を立てたのか。それは、これぐらい高い目標でないと、ブレイクスルーできないと思ったからです。

ブレイクスルーというのは現状を打破することです。

三％、四％、五％というような伸びを目標にしていたら、「頑張ろうぜ」とか、「もっときめ細かにやろうぜ」とかいう範囲で終ってしまい、根本的な改革ができないと

考えたからです。

しかし二倍となると違います。思い切って考え方や行動を変えないと目標は達成できません。まず私が、その覚悟をするということ。そして五年後の経常利益を倍にするという計画を立てながら、はっきり見えてきたものが三つありました。

一つ目は、今までのやり方では絶対できないということです。例えば社員数、今の倍の台数を売らなければならないし、今の倍の車検台数をやらなければなりません。そうなれば当然現在の社員数では対応できません。今のままではやれないということが、はっきりとわかります。

二つ目は、今と同じ考え方で倍にすることができるかと言えば、できません。ということは、考え方も変えていかなければならないということです。

それから三つ目は、今と同じレベルの人ではだめということです。もし社員が全く成長しないで五年間やって、成績が倍になると言えば、これは絶対ならないと、断言できます。しかし社員が成長して、今とは違う人間になったらどうなるでしょう？　レベルがどんどん上がっていったらどうなるでしょう？　目標の達成も可能性が出てきます。

という三つの変革に気づいたのです。

一緒に経営計画を作った島田誠専務も、どうやったらできるかと一生懸命考えました。

その結論は、「今のままではダメ」ということです。

それがはっきりわかりました。

だから、どんどん変えていく。

どんどん新規事業もやっていく。

お客様に合わせた事業をどんどんやっていく。

それから店舗を造り変えていく。

そして人材育成もどんどんやっていくということです。

第六章　わが社の自慢は社員

社員は自社で幸せになってもらうのが大原則

「五幸」の幸せ実現で、最初は「お客様の幸せ」を一番に掲げ、「社員の幸せ」は五番目でした。しかし実際にやってみると、それぞれの幸せは全て「社員の幸せ」に行き着くということがわかり、現在は「社員の幸せ」を一番目にもってきているということを前に述べました。

五つはそれぞれに結びついており、実際はどれが一番で、どれが二番目というふうには言い難いのですが、「お客様の幸せ」と「社員の幸せ」を追求していくと、その過程で大きく違うところがあることに気づきました。

それは、お客様には「選択肢がある」ということです。

例えば、第二章でも述べましたが、お客様が、私たちの会社で車を買われたとします。それで満足していただければ問題ありませんが、乗り始めて不満足だったらどうでしょうか。

極端な話になりますが、その車を売って別の会社から新しく車を購入することができます。そして、それで満足できれば、他社で満足を得たということになります。お客様には、私たちの会社で満足できない場合は、他社で「お客様の幸せ」を実現する自由があるわけです。

では、社員の場合はどうでしょうか。自社で不満足だったら、一生不満足のままでいなければなりません。最悪、辞めていくでしょう。

では、辞めて再就職してそこで幸せになれるでしょうか。中にはなれる人もいるでしょうが、なかなかなれないというのが現実だと思います。というのは、不満を持っている人は、次に行ってもまた不満が出てくるからです。ですから、不満を抱えたまま年数を重ねていくようになります。独立して幸せになっていく人もいますが、なかなかそういう人は少ないように感じます。

ですから社員は、自社でご縁があった以上は、自社で幸せになってもらうということが大原則です。となれば「社員の幸せ」を一番に考えるのが社長の責任ではないかと、経営品質の教えから学ぶことができました。

驚くほどに自主的に一生懸命にやる社員

「社員の幸せ」実現で必要なのは、働くことで喜びややり甲斐、生き甲斐を感じることができる会社づくりです。そこで私たちが大事にしているのが経営理念理解の徹底化です。

なぜかと言うと、わが社の重要ポイントである会社の存在理由が書いてあるからです。

「私達は滋賀ダイハツを取り巻く全てのお客様に、愛され、喜ばれ、信頼される企業になるために、誠意と感謝の心でお客様に接し、熱意と努力で仕事にあたり、その結果として、お客様と私達、そして社会の永遠なる幸福を実現していく」

ここには、何も売上げをたくさん上げるとか、利益を出すとか、立派な自社ビルを建てるとか、そういうことは書いていません。なぜなら、そういうことは滋賀ダイハツにとって目的ではないからです。

あくまでもお客様に愛されて信頼されていくことが、会社の目的であるということです。とにかく、お客様に喜ばれることを何よりも優先しています。

また多少お金がかかってもいいから、お客様のためになることはどんどん「稟議を上げてきていい」ことにしています。私の口からもそれは良く言っています。

実際は遠慮なのか、工夫でやっているのか、なかなか上がってきませんが、経営理念はかなり深く社員に浸透してきていると感じています。そうでなかったら、驚くほどに自主的に、一生懸命にはやれないはずです。本人が嬉しいからこそ、それができるのだと思うのです。

そうした社員と接していると、私の方もなんとかそれに応えたいという思いが湧いてきます。第六十一期も、些少ですけれども社員に特別期末賞与を配りました。

それに対し社員は、すぐにサンクスカードで応えてくれます。その後各店を回ったのですが、行く店、行く店、どこでもサンクスカードを貰うのです。

「社長、期末賞与出していただいてありがとうございます」

「これで、家族一緒に食事に行けます」

というように素直に喜んでくれています。

嬉しいですね。だからまた来年も頑張って、みんなに出せるような経営をしていかなければと思うわけです。

スタッフが網掛け状に動いていく

一つの例を紹介します。本社のある栗東店では土曜日とか日曜日になりますと、お客様はたくさん来られます。納車のお客様もおられますので、窓際の席は納車のお客様の予約として取っておきます。そうしないと納車のお客様に書類を説明するとき、座る席がないということになるからです。

その対応を営業スタッフが順にしていくわけですが、混んでくると営業スタッフ全員が全部埋まってしまいます。説明には一時間から一時間半ぐらいかかりますから、手が足りなくなります。

そんな状態でまたお客様が来られる。その場合、女性スタッフが今度はそれをカバーします。女性スタッフがカバーしてまたお客様を誘導したり、車のお話だったら車のお話をさせてもらったり、つなげるようにするわけです。

それでもまたお客様が来られる。そうしたら今度は女性スタッフ全員が対応していて、誰もお迎えする人がいないというのがわかりますから、すぐに無線で「誰か来て」と飛ばします。サービスの受付スタッフが飛んで来ます。

それでも足らなかったらどうなるかというと、二階の女性社員が下に下りていって手伝います。これはもう営業とかサービスとか本社とか垣根がない、そういうものに関係なく、お客様が一番喜ぶことを私たちがするのが仕事だということが、みんなわかっているからです。

これが、CSが全ての方針に網掛け状にかかるということの実践例と言えます。

私自身、方針としてCSがあるのではなくて、全ての方針、全ての部門にかかっていることを実感できます。

何より社員が、やらされているのではなく、自主的にやっています。だから生き生きしています。そういう姿を見ると、本当に嬉しくありがたく思います。

カフェプロジェクト

お客様の声から、女性の視点で店舗の居心地や接客を考え改善してくれているのが、カフェプロジェクトです。

カフェプロジェクトは女性の感性で、くつろいでいただける店舗を作ろうということで平成十七（二〇〇五）年に誕生しました。

プロジェクトのメンバーは、各店舗と本部から一名ずつを選出し、二ヵ月に一度集まって話し合いをしています。

目指しているのは「女性のお客様が一人でも安心してご来店いただけるお店づくり」です。

机をロの字から丸テーブルに

カフェプロジェクト会議は、店舗演出をより円滑に行なおうという目的で始まりましたが、いきなり店舗、ショールームを飾ってほしいと言われても、プロジェクトのメンバーはそういう知識が何もないまま、それを「しないといけない」状態でした。

当初のカフェプロジェクト会議は、トップダウンで指示がきていましたので、メンバーには「やらされ感」があり、話し合いはあまり活発なものではありませんでした。

ただやることを淡々と決めていくといった、重い空気の中進められていました。

その時は、会議の様子も机をロの字に並べていたこともあり、重く堅苦し

カフェプロジェクトの誕生

い雰囲気がありました。カフェプロジェクト会議の中で、食堂の丸テーブルを囲んで四つぐらいのグループに分かれて話し合ってみてはどうかという意見が出て、食堂でやることになりました。

丸テーブルを囲って席に座るとやはり女性同士ですので話が弾みます。

わいわいがやがやと、普段店のことで悩んでいることなどを話し、その時に同じ気持ち、同じ悩みを共有できるということで連帯感も深まり、また自分も頑張ろうというモチベーション向上のためのよい機会になりました。

一声かけることで思いを受け止めてもらえる

体験事例です。毎日来られるお客様にアンケートを取っていますが、その中に待っている間に寒かったというお声がありました。

それでしたらひざ掛けをご用意しようということで、早速ひざ掛けを用意して目のつくところに置いていました。それでも使われることがなく、また寒かったといったアンケートをいただくことがありました。

そこで荷持箱と一緒にお持ちして、「ひざ掛けはいかがですか」とこちらから一声かけてさせていただくようにしました。すると「声をかけていただいてうれしかった」というお褒めのお言葉や、嬉しく感じていただくお言葉をいただけるようになりました。

置いているだけではなく、一人一人のお客様を見てお声をかけさせていただくということの重要性を感じました。

またこのようにお客様を意識して少しずつ改善を積み重ねていくことで、お客様に喜んでいただけるお店になっていくということも気づきました。

情報誌『carfe』（カルフェ）を製作

お客様情報誌『carfe』を製作しております。企画、立案、校正まで女性スタッフだけで行います。滋賀ダイハツをより身近に感じていただくためのオリジナル雑誌です。三ヵ月に一回更新します。

女性スタッフ四名で滋賀県内のおいしいお店の紹介や料理教室などを企画して体験取材をします。毎回カフェプロ会議を重ねるごとに仲良くなっていますので、わいわいやっていて自分たちもかなり楽しんでこの企画を立てていただいています。

オリジナル情報誌「カルフェ」

大人気 ファミリー向けのイベント

女性のお客様やファミリー向けのイベントを行っています。

こちらも企画、準備、運営全て女性スタッフだけで行います。ありがたいことにお客様からは大変ご好評をいただいております。

前回のイベントでは定員五十名のところ二五六名のご応募をいただきました。自分たちの行動でこんなにもお客様に喜んでいただけるということを、目の前で実感する一つのよい機会の場であり、またモチベーション向上につながっています。

カフェプロジェクトの取り組みは、最初からうまくいったわけではありません。

当初「女性スタッフの負担が増えて、手が回らない」「店長の理解が足りない」など、不満も多くありました。しかし、お客様の声を聞き、少しづつ改善することで、お客様からお褒めをいただくことで、もっと工夫しようという意識が芽生え、改善が進みました。

今では、当社のCSを牽引する存在になっています。

隣の部署を手伝う

「部門の垣根をなくし、全体最適でお客様の支持を得る」ことを目指しています。やっとこういうことができるようになりました。社員全体の意識改革を伴う行動はすばらしいものがあります。

車検センターでの車検が午後五時の時点でまだ二十台残っていた。深夜残業を通り越して夜中になってしまう。という実状を知った栗東店のサービス担当者は、自分たちの仕事を早く切り上げて車検センターに手伝いに行ってくれました。

これぞまさに意識改革を伴う行動です。普通なら、自分のところの仕事が終われば、もう仕事はしません。

ところが滋賀ダイハツの仲間は違います。関連のサービス工場で、まだまだ仕事がいっぱい残っていて困っている。お客様に明日納車しなければならない車もある。今日中に仕上げないとだめだ。というふうな状況を知れば、「都合をつけて手伝いに行く」

ということをやってくれています。

下期政策勉強会で社員からのサプライズ

全社員が集まり、半期に一度おこなっている政策勉強会での出来事です。優秀社員の表彰状を全部渡し、自分の椅子に戻ろうとすると司会が続けて、「もう一人だけ表彰したい人がいます。社長 演台にお戻りください」

と言ったのです。

「えっ、誰を表彰するんだろう」

と思って、もう一度演台に戻ろうとし

上期政策勉強会における表彰式

たそのときです。私が大好きな、コブクロの「蕾」が流れＤＶＤが映し出されました。

私が社長になってからの映像です。すぐに、私のことだとわかりました。平成二十七年十月が、社長になって二十周年だったのです。

経営方針発表会の場は、私が誰かをお祝いする立場です。

それを、逆に私のことをお祝いしたいというのですから、驚くやら嬉しいやら、全く意識もしていなかったので本当にビックリしました。

写真のように、社員がちゃんと準備してくれて、社長就任二十周年をサプ

社長就任２０周年で社員からのサプライズ（感激の涙が…）

ライズで祝ってくれたのです。

実はこのとき、世の中がちょっと厳しくなってきているので、きついことを言わなければと思っていました。ところがサプライズで祝ってもらった私は、涙をぼろぼろと流してしまい、その後の政策発表は、なんともやわらかい感じになってしまいました。

もう一枚の写真は日を改めて撮ったものですが、本社のみんながお祝いしてくれました。尾頭付きの鯛もありました。こういうのは本当にビックリ、嬉しい限りです。

本社のみんなが祝ってくれた席で

社長就任二十周年サプライズ映像

音楽と共に、思い出の写真と、社員の思いがこもった言葉が映し出されました。映像には社員全員が登場しています。音楽は掲載できませんので、映像の一部とその言葉を紹介し、本書を締めくくりたいと思います。

二十年前の十月一日を
あなたは覚えていますか？
あなたが社長として
新たなスタートを迎えた日です。
自分よりも年配の方達の中
不安やあせり……
自分との戦い。

社長就任、若き日の後藤敬一社長

そんな若き日の苦労が
たくさんあった事でしょう……。

社長が私達に教えて下さった
五つの事。
トイレ掃除やボランティア活動
やり続ける事が
いつの間にかあたり前になり、
そして……
社会からも評価して
頂けるようになりました！
誰かのために、
何かをする。
「してあげる幸せ」を教えてくれて
ありがとう。

草取りをする社長

最初はなぜ
日本経営品質賞に
こだわるのか……
なぜ、一番でなければならいのか……
私達には、わかりませんでした。
何度も挑戦し続ける
その姿を見て……
あなたの「本気」を感じました。
そして……
あきらめなければ　夢は叶うという事を
教えてくれて
ありがとう。

自分たちだけが良いのではなく、
支えて頂いている販売店の皆様……

日本経営品質賞受賞

その支えがあって　はじめて、
滋賀ダイハツは　存在します。
共に支え合う　大切さを
教えてくれて
ありがとう。

大切なお客様……
その人にとって
なくてはならない
そんな存在になる事が
私達の目指すところです。
お客様が　笑顔になれば
私達も　笑顔になれることを
教えてくれて
ありがとう。

掃除を楽しむ

私達には、
共に働く仲間がいます。
辛い時……
励ましてくれる先輩。
笑顔で
ついて来てくれる後輩。
落ち込んだ時……
そばにいてくれる同期。
迷ったとき……
手を差し伸べてくれる上司
みんなを
見守ってくれる店長。
みんなが
笑顔でいてくれる事が

政策勉強会

私達の幸せです。

滋賀ダイハツに入って
出会えた仲間は
私達の宝物です。
大切な宝物をくれて
ありがとう。

社長から
教えてもらった五つの事……
これからも守り続けます。
後藤社長
これからも
私達の先頭にたって
走り続けて下さい。

明るい後藤社長

道に迷ったときは
そっと振り返ってください。
そこには……
私達社員が必ずいます！
ありがとう。

もう私は涙、涙でした。
本当に素晴らしい社員と共に仕事ができることを喜んでいます。

全員集合

おわりに

私たちは、決してトップランナーではありません。

挑戦者です。

せいぜい良くて二位か三位です。

まだまだ、出来上がった会社ではありません。

二〇一三年度に日本経営品質賞を受賞いたしましたが、ゴールではありません。満点をとったわけではありません。上には上があります。

まだまだ、社員やお客様の我慢の上に成り立っています。

女性が働きやすく、残業もない働き方は出来ていません。

私は、理想の会社をつくり、「なんとしても解決する」という強い決意は持っています。中小企業だから残業は当たり前、給料払うだけで精一杯といって仕方ないと思っていたら、何も変わりませんし、実現は不可能です。

また、一方でお客様に喜んでもらい、一〇〇％ニーズを満たしているかといえば、まだまだそこまで出来ていません。

ということは、まだまだ改善できるということです。お客様を観察して、声には出さないけれど、もっとこうして欲しい、こんな商品やサービスがあったらいいのになあということは、私たちが知らないだけで、まだまだ無限にあると思います。

そういったお客様の願いを私たち社員一人一人が、洞察して、個人レベルから組織レベルまで実行できたら、素晴らしい会社になります。

これこそがイノベーションです。

私は、諦めません。まだまだ出来ます。

これからも挑戦し続けます。

私たちの今日があるのは、過去に苦労に苦労を重ねて、お客様を一人一人つくり、守って下さった先人のおかげ様です。ここに改めて、滋賀ダイハツの先輩社員、お取引をいただいている皆様に心からお礼申し上げます。

また、優れた思想や事例を私たちに、教えてくださった多くの皆様に感謝申し上げるとともに、特にお世話になった、ＭＧの開発者西順一郎先生、イエローハット創業者の鍵山秀三郎相談役、株式会社武蔵野の小山昇社長にこの場をお借りして、心からお礼申し上げます。

今回、この本を出版するきっかけとなりましたのは、私の父が、高木書房の斎藤社長様を紹介してくださったからです。平成二十六年三月に、斎藤社長様と私の父と私と三人で、滋賀ダイハツの本社で、話をさせてもらったのが、最初の出会いです。

父から私の生い立ちなどの紹介の後、私がやっていること、考えている事をお話させてもらいました。その時に、興味を持っていただいたのではないかと思います。

その後四月に、経営計画を私が全社員に発表する上期政策勉強会にお越しになり、拝聴してくださいました。それをレコーダーにとり、文章に起こし、その内容と私が最初お話した内容をまとめてくださり、この本の骨格が出来ました。

その後、私の講演を手伝う機会の多い当社取締役の小堀正広が、更に肉付けをしてくれ、形として出来上がりました。ここに、改めてこのお三方に、心から感謝申し上げます。ありがとうございます。

後藤敬一

滋賀ダイハツ販売株式会社

設　立　1954 年 4 月 3 日
資本金　2 億 5000 万円
代表者名　後藤 敬一
本社所在地
〒 520-3046　滋賀県栗東市大橋 4 丁目 1-5
　TEL：077-551-0081　FAX：077-551-0071

事業内容

ダイハツ車全車種及び各種中古車の販売・整備　部品・各種用品の販売、カーリース、各種保険代理店業務

営業拠点

大津店、安曇川店、草津店、栗東店、水口店、八幡店、愛知川店、彦根店、長浜店、堅田店、フレンドシップ大津店 (福祉車両常設展示場)、U-car ハッピー大津店、U-car ハッピー栗東店、U-car ハッピー彦根店（他ハッピー併設店 6 店舗)、物流センター、部品センター、車検センター、プロモーションセンター、本社

関連会社

ハッピーコーポレーション、ダイハツ瀬田、守山ダイハツ、ダイハツ甲西、ダイハツ甲賀、フォレスト (イエローハット草津店、イエローハット西大津店、イエローハット近江八幡店、イエローハット野洲店)

後藤 敬一（ごとう　けいいち）

昭和33年1月3日大阪府大阪市に生まれる。同51年3月滋賀県立膳所高等学校卒業。同55年3月静岡大学卒業。

昭和55年4月株式会社ローランド入社。同59年3月株式会社ローランド退社。同59年3月滋賀ダイハツ販売株式会社入社。同63年5月取締役に就任。平成2年1月常務取締役に就任。同5年4月長浜ダイハツ社長に就任。

平成6年10月、36歳で滋賀ダイハツ販売（株）6代目代表取締役社長に就任、若さと情熱で次々と改革を推し進める。

又、イエローハットの創業者である鍵山氏に師事し、トイレ掃除の奥義を学び、社員にもその心を伝え、現在は、「日本を美しくする会　滋賀掃除に学ぶ会」代表としても活躍している。

三代目社長の挑戦
「してさしあげる幸せ」の実践

平成28（2016）年4月3日　第1刷発行

著　者　後藤 敬一

発行者　斎藤 信二
発行所　株式会社 高木書房
〒114-0012
東京都北区田端新町1-21-1-402
電　話　03-5855-1280
FAX　03-5855-1281
メール　syoboutakagi@dolphin.ocn.ne.jp
装　丁　株式会社インタープレイ
印刷・製本　株式会社ワコープラネット
※乱丁・落丁は、送料小社負担にてお取替えいたします。

 ISBN978-4-88471-805-3　C0034

後藤 昌幸

百の功績も一の過ちで全てを失う
経営の本音を語る

いくら技術に長けていても、販売力があっても、経営はできない。著者の生い立ちから、赤字会社を黒字会社へと変換させ、成長へと導いた凄業経営の物語。だからこそ失敗談が生きる。

新書タイプハードカバー 定価：本体九二六円＋税

服部 剛

教室の感動を実況中継！
先生、日本ってすごいね

公立中学校の先生が道徳の時間に行った18の授業内容をそのまま掲載。実際に生きた人々の話だけに、日本人の生き方が直に伝わる。「思わず涙。人に薦めています」の感想が届く。

四六判ソフトカバー 定価：本体一四〇〇円＋税

石橋 富知子

子育ての秘伝
立腰《りつよう》と躾の三原則

森信三氏に師事38年。仁愛保育園が証明する奇跡の子育て。自分をコントロールする意志力や人間としての品格は、幼き頃の躾が原点。個性も躾が基盤となって発揮されていく。

四六判ソフトカバー 定価：本体一〇〇〇円＋税

黒田 クロ・木村 悠方子

思いやりの心が育つ
母、いのちの言の葉

今日の出会いの縁を明日の出愛の縁に結ぶ。キム母の人生観と子育て体験に、黒田クロ漫遊家の言葉が絶妙に融合する。子育てや生き方、人間成長に役立つ言の葉が綴られている。

変形B六判オールカラー 定価：本体一〇〇〇円＋税

野田 将晴（勇志国際高校校長）

高校生のための道徳
この世にダメな人間なんて一人もいない!!

通信制・勇志国際高校の道徳授業。強烈に生徒の心に響く肯定感。生き方を知った生徒達は生まれ変わる。道徳とは、青春とは何か。志ある人間、立派な日本人としての道を説く。

四六判ソフトカバー 定価：本体一〇〇〇円＋税